傍河水源地水质安全保障技术体系

左锐　郭学茹　滕彦国　翟远征　著

中国水利水电出版社

www.waterpub.com.cn

·北京·

内 容 提 要

本书依托国家水体污染控制与治理科技重大专项"松花江傍河取水水质安全保障关键技术与工程示范"呼兰河子课题研究成果编撰而成,系统介绍了针对呼兰河畔傍河水源地建设及水质安全保障研究过程中所形成的傍河水源地适宜性评价技术、优化布井技术、基于水质监测变幅预警、动态数值模拟预警和污染风险评估预警五项关键技术。相关内容具有较强的理论性、系统性和实践性,可为呼兰河流域内人民群众饮水安全的有效保障提供技术支持,为从事水污染研究、水环境保护和水资源管理及相关领域的科研学者提供技术参考,同时期望能够助力我国傍河水源地建设过程中水质安全保障技术及管理体系的进一步完善。

图书在版编目(CIP)数据

傍河水源地水质安全保障技术体系 / 左锐等著. --
北京 : 中国水利水电出版社,2021.11
ISBN 978-7-5170-9919-2

Ⅰ. ①傍… Ⅱ. ①左… Ⅲ. ①饮用水—水源保护—研究—沈阳 Ⅳ. ①X52

中国版本图书馆CIP数据核字(2022)第010441号

审图号:黑 S(2021)113 号

书　　名	**傍河水源地水质安全保障技术体系** BANG HE SHUIYUANDI SHUIZHI ANQUAN BAOZHANG JISHU TIXI	
作　　者	左　锐　郭学茹　滕彦国　翟远征　著	
出版发行	中国水利水电出版社 (北京市海淀区玉渊潭南路 1 号 D 座　100038) 网址:www.waterpub.com.cn E-mail:sales@waterpub.com.cn 电话:(010)68367658(营销中心)	
经　　售	北京科水图书销售中心(零售) 电话:(010)88383994、63202643、68545874 全国各地新华书店和相关出版物销售网点	
排　　版	中国水利水电出版社微机排版中心	
印　　刷	天津嘉恒印务有限公司	
规　　格	184mm×260mm　16 开本　8.5 印张　219 千字　8 插页	
版　　次	2021 年 11 月第 1 版　2021 年 11 月第 1 次印刷	
印　　数	0001—1000 册	
定　　价	**58.00 元**	

前　言

　　随着社会经济的飞速发展，我国水资源正面临着水质污染风险和水量的双重考验。为引入岸滤系统先进对技术有效保障供水安全，近些年在一些地表水污染较为严重的地区，建设傍河取水的供水水源地，旨在利用傍河岸滤系统的天然过滤和净化作用，对河水渗入地下含水层后的水质进行净化，提高城市供水的安全和稳定性。然而，由于傍河取水技术在国内推广的时限不长，傍河水源地建设和水质安全管理的技术亟待研究，因此有必要结合工程实践探索相应的傍河水源地水质安全保障技术体系，这对于保障饮水安全、维护社会稳定和可持续发展具有重大意义。

　　本书依托国家水体污染控制与治理科技重大专项"松花江傍河取水水质安全保障关键技术与工程示范"项目研究成果编撰而成，是项目子课题呼兰河流域研究的重要成果之一。基于呼兰河流域翔实的傍河水源地环境污染调查与监测资料，综合评价了呼兰河流域傍河水源地建设的适宜性。在典型傍河水源地以同时确保水质和水量为前提构建了多目标优化数值模型，提出了针对傍河取水优化布井的最优方案和关键技术。在此基础上，综合考虑傍河水源地预警工作开展的系统性、全面性和针对性，形成了基于傍河水源地水质监测变幅的预警技术；运用数值模拟手段，研发了基于过程模拟的水质预测预警技术；最后基于多元线性回归受体模型的地下水污染源解析手段，构建了基于污染风险评价的水质预测预警技术。上述研究成果和内容期望能够为我国地下水饮水安全保障和地下水环境科学管理提供科技支撑。

　　本书共分为6个章节，各章节撰写的参与人员分述如下：第1章，左锐、郭学茹、滕彦国、翟远征、王金生；第2章，左锐、郭学茹、滕彦国、薛鹏威、王膑；第3章，郭学茹、左锐、翟远征、薛鹏威；第4章，滕彦国、左锐、郭学茹、翟远征、王膑；第5章，王金生，王膑、左锐、郭学茹、翟远征、孟利；第6章，左锐、郭学茹、滕彦国、翟远征、王金生。全书由左锐、郭学茹统稿编纂。

在此感谢北京师范大学水科学研究院岳卫峰老师、杨洁老师对本书内容完善提出的宝贵意见，同时感谢北京师范大学水科学研究院硕士生靳超、张宏凯、陈小娟、石榕涛、倪宝锋，以及吉林大学资源与环境学院苏小四教授等专家学者对本书相关课题研究和部分内容撰写做出的贡献。课题实施及专著撰写得到了吉林大学、中国市政工程华北设计研究总院有限公司哈尔滨分公司、五常市供水公司、绥化市自来水公司、兰西县水务局和呼兰区自来水公司等单位有关领导和同仁的大力帮助和支持，在此一并致谢！

书中不妥与不足之处，恳请广大读者批评指正！

作者

2021 年 5 月

目　录

前言

第1章　绪论 ··· 1
　1.1　研究背景及意义 ··· 1
　1.2　傍河水源地发展历程 ·· 2
　1.3　傍河水源地适宜性评价研究进展 ·· 4
　1.4　傍河水源地优化布井研究进展 ·· 7
　1.5　傍河水源地水质预测预警研究进展 ·· 10

第2章　呼兰河流域概况 ··· 16
　2.1　地理位置与供水概况 ·· 16
　2.2　气候条件 ·· 18
　2.3　水文概况 ·· 18
　2.4　地形地貌 ·· 19
　2.5　地层岩性 ·· 19
　2.6　水文地质条件 ·· 20
　2.7　取水现状分析 ·· 22

第3章　傍河水源地适宜性评价技术 ·· 23
　3.1　傍河水源地适宜性评价指标 ··· 23
　3.2　傍河水源地适宜性评价方法 ··· 29
　3.3　呼兰河流域傍河水源地适宜性评价技术应用 ·· 31

第4章　傍河水源地优化布井技术 ·· 37
　4.1　傍河水源地优化布井方法 ·· 37
　4.2　利民区傍河水源地优化布井技术应用 ·· 43
　4.3　呼兰区傍河水源地优化布井技术应用 ·· 57

第5章　傍河水源地水质预测预警技术 ·· 70
　5.1　基于水质变幅的傍河水源地水质预测预警技术 ······································ 71

  5.2　基于过程模拟的傍河水源地水质预测预警技术 …………………………… 88

  5.3　基于污染风险评价的傍河水源地水质预测预警技术 ………………… 98

  第 6 章　结论与展望 ………………………………………………………………… 117

  6.1　关键技术 ………………………………………………………………………… 117

  6.2　展望 ……………………………………………………………………………… 118

  参考文献 …………………………………………………………………………………… 120

第1章 绪 论

1.1 研究背景及意义

随着我国社会经济的快速发展，地表水污染日益严重，多数地表水不适宜直接作为生活用水；而我国地下水当前也面临水量超采和水质恶化的双重挑战；这不仅制约经济社会的可持续发展，更威胁人民群众的生存和健康。因此，人们将更多的目光转向水质、水量均得以保障的傍河水源地来保障供水，即在距河流一定范围内漫滩或阶地建立取水工程进行地下水开采，河岸对入渗河水产生天然过滤与净化作用所形成的河水-地下水相互作用区域。在取水过程中，抽水井内地下水位下降，并在一定范围内形成降落漏斗；当降落漏斗扩伸至河流时，河水将源源不断侧渗入井内，使其转化为水质较好的地下水。

傍河水源地作为地表水-地下水联合利用的典型方法，凭借其开采稳定性和水质安全性，成为地下水开发利用的重要方式。首先，傍河水源地开采规模的增大，提高了河水对地下水的入渗补给，可发挥其丰水期含水层储水、枯水期含水层释水的作用，能够较大程度地保障水源地开采对水量的要求。正因如此，傍河水源地的选址、布井方案优化等便成为影响水源地开采量的重要因素，而水源地建设的适宜性、布井优化的科学性将成为制约水源井的抽水量大小和控制水源地开采量的关键所在。其次，傍河水源地含水层对入渗河水有较好的净化过滤作用，主要通过岸滤含水层中的吸附及化学沉淀、氧化还原、混合与溶滤、微生物作用等对颗粒物、细菌类、氮化合物、重金属、微量有机污染物等发挥明显去除作用；但是，持续开采引发的含水层堵塞现象，地表水体受突发事故污染等，也会由于傍河水源地地下水与河流间密切的水力联系，威胁傍河水源地的水质安全。因此，如何保障傍河取水的水质安全及可持续供水，已经成为相关领域研究的重点和难点。特别是面对我国不容乐观的水环境质量现状和水污染事件，预防已成为控制地下水污染、保障傍河水源地供水水质安全最有效的方法。目前，我国多数水源地缺乏有效的水质安全预警机制，工作缺乏合理性和系统性，亟须构建科学完善的傍河水源地水质安全预警体系。

本书依托国家水体污染控制与治理科技重大专项项目"松花江傍河取水水质安全保障关键技术与工程示范"，开展了呼兰河流域傍河水源地水质安全保障的五项关键技术研发

1

及其示范应用。基于区内翔实的傍河水源地环境污染调查与监测结果，通过综合评价流域傍河取水的适宜性，研究了水量和水质双重保障的傍河取水布井优化技术方案；在此基础上研究形成了基于水质变幅、过程模拟和污染风险评价的预警技术，提出了针对傍河水源地不同预警等级的应急措施手段及管理对策机制。为保障人民群众的饮水安全，维护社会稳定和可持续发展提供重要的科技支撑，助力我国傍河水源地水质安全保障技术及其保护管理体系研究的发展。

1.2 傍河水源地发展历程

傍河渗滤取水（riverbank filtration，RBF），是利用河岸或者湖岸天然的净化能力将流经水体进行净化，在距河或者湖一定距离内利用抽水井开采饮用水的一种取水方式（韩再生，1996；Ray et al.，2002）。在岸滤取水系统运行过程中，污染物在水力作用、机械作用、生物作用以及物理化学作用等其他天然衰减作用的影响下得以较好的去除（图1.1）。因此，岸滤傍河取水是作为一种高效率、低成本的饮用水预处理方式，在世界范围内受到普遍关注（Schiermeier，2014）。

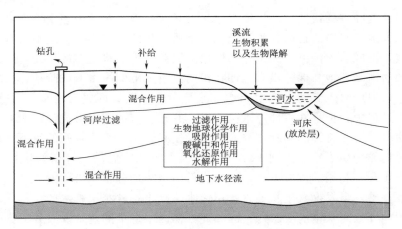

图 1.1 岸滤傍河取水过程示意图

1.2.1 国外傍河水源地的发展

傍河水源地最早被用于改善河岸水厂为城市供水的水质。世界首个基于傍河修建的水厂于 1810 年建于英国格拉斯哥，此后诺丁汉、珀斯、德比、纽瓦克等城市纷纷效仿。1866 年，北美地区爆发霍乱疫情，波及德国杜塞尔多夫市，人们开始重视河道直接取水的安全问题。1870 年，英国工程师所设计的德国杜塞尔多夫傍河水厂正式投入使用，80 年间因河水水质较好，经岸滤开采的井水仅需消毒即可直接饮用，该水厂逐渐发展为解决 60 万人饮水问题的重要水源地，致使依靠岸滤系统的傍河取水模式得以延用（Zlotnik et al.，2002）。之后，德国汉堡于 1892 年爆发霍乱，致 8606 人死亡，当地政府经调查发现水厂直接从污染河道取水供给城市用水是导致霍乱的主要原因，这成为德国乃至整个欧洲将河道直接取水改为傍河岸滤取水的直接诱因（Eckert et al.，2006）。之后，随着工业发展进一步导致河流污染加剧，最初的岸滤傍河取水工艺已无法满足供水要求，急需对岸滤取水模式及处理工艺进行改善和升级。联合国在 21 世纪初期提出千年发展目标，大部分发展中国家开始着手对岸滤傍河取水技术做进一步改进，并将其作为城市供水的重要预处理工艺（Schiermeier，2014）。目前，很多傍河取水工程及设施均分布在大型河流附近并已运行超过 100 年，例如：中欧地区多瑙河、德国易北河、法国洛特河与塞纳河、荷兰莱茵河等（Ray et al.，2002）。美国大部分城市的供水系统中，傍河取水也已成为主要方式，主要分布于哥伦比亚河、密西西比河、俄亥俄河、科罗拉多河、格兰德河、俄罗斯河、辛辛那提河等沿岸地区，多个工程均已运行 50 年以上（Ray et al.，2008）。

1.2.2 国内傍河水源地的发展

中国地下水的开发利用历史悠久，目前已发现最古老的井可追溯至公元前 5700 年，位于浙江省境内。但国内第一个河岸渗滤取水工程始建于 1930 年，位于中国东北部地区，工程以傍河渗渠形式引流，对地下水进行开采利用，自此该取水模式开始被推广运用于国内其他地区。在新中国成立初期，该技术主要应用于铁路沿线工程用水，例如宝成、兰新、包兰铁路沿线等。但由于工程出水量较小，导致供水的保证率偏低（Hu et al.，2016）。进入 20 世纪 50 年代，为满足日益增长的人口和工业发展对供水量的需求，我国北方地区开始逐渐开展地表水-地下水联合水文地质调查，着手开展傍河水源地选址的适宜区筛选工作。1987 年，我国在河南省陕县七里堡首次成功采用辐射井技术建立了傍河取水工程，有效提高了岸滤取水单井出水量，促使岸滤傍河取水逐渐成为我国北方众多大型城市（例如北京、西安、兰州、西宁、太原、哈尔滨、郑州等）的主要供水模式。尤其以黄河流域最为典型，流域内已建成傍河水源地多达 50 余处，其中"九五滩""三滩"傍河水源地更是该技术应用的成功案例，有效解决了一方百姓的供水问题（林学钰等，2003）。20 世纪 90 年代，诸如上海、四川、湖北等地区的南方城市也开始引入岸滤傍河取水技术。据统计，目前我国有 300 多个傍河水源地，为当地的城市供水安全提供了有效保障。

1.2.3 傍河水源地的优势与不足

作为地表水-地下水联合利用的典型方法，岸滤系统取水的优点为含水层对入渗河水的净化过滤作用（László and Literarhy，2002），前人研究表明其对颗粒物、细菌类、氮化合物、重金属、微量有机污染物等有明显去除效果（Abbaa et al.，2017）。如图 1.2 所示，对颗粒物、细菌类污染物的去除率可达 100%，对三氮污染物的去除为 45%～95%（郑晓笛等，2016）。除了上述优点外，岸滤系统取水也存在不足。连续入渗使颗粒物、微生物等在河床和含水层内产生堵塞，影响净化效果（Schubert，2006）。且受限于岸滤系统渗透性和污染物特征，对于如四氯乙烯、阿特拉津等微量有机类污染物去除效果有限（图 1.2），部分污染物仍无法去除，故岸滤系统的过滤作用并不能完全取代取水后处理工作。

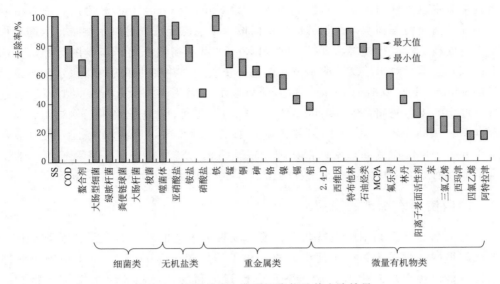

图 1.2 岸滤系统内典型污染物及其去除效果

1.3 傍河水源地适宜性评价研究进展

1.3.1 傍河水源地适宜性的影响因素分析

傍河水源地一般紧靠常年性地表河流旁侧建立,具有水量稳定、净化水质及水资源利用率高等特点(韩再生,1996)。纵观欧洲 150 余年、美国 60 余年、国内 60 余年傍河水源地建设的经验,对影响傍河取水的重要因素进行深入分析和研究,是傍河水源地选址、设计、建设和运行的关键,并决定着傍河水源地的运行效果(Eckert and Irmscher,2006;Ray,2002)。设计河岸渗滤系统时需充分考虑河水—地下水系统性质、当地气候条件、水文条件等各种因素。傍河水源地选址及适宜性地段的确定应遵循以下原则(Ray,2002;戴长雷等,2005;周志祥等,2008):①在分析地表水、地下水开发利用现状的基础上,优先选择开发程度低的地区;②充分考虑地表水、地下水富水程度及水质状况;③为减少水源地污染,水源地应尽可能选择在城镇上游河段;④尽可能不在河流两岸相对布设水源地,避免长期开采条件下两岸水源地对水量、水位的相互削减。

通常,影响傍河取水效果的因素主要有河水是否能够补给进入含水层、河水水质、污染源特征、河流流速及河床特征、是否是季节性河流、河道稳定性等。因此,无论是山间盆地型、山间河谷型、冲洪积扇型、冲湖积和滨海平原型傍河水源地,选址时均要考虑以下因素(韩再生,1996;刘国东、丁晶,1998;Ray,2002;Schubert,2006):气象水文因素、河流地貌特征、水文地质因素、含水层与河流的水力联系、水质和取水目标等。对于有断流期的河流而言,在河流处于断流季节,傍河取水只能消耗含水层自身的地下水储量,因此河流是否断流是影响傍河取水的另一重要因素(Ray,2002)。

受工业化和城市化的影响，傍河水源地环境安全与污染风险备受重视（Zhang et al.，2011；Hu et al.，2016；Umar et al.，2017）；而在全球变化的背景下，极端气候条件（特枯和特丰）对傍河取水水量和水质的影响也引起了关注（Sprenger et al.，2011；As-cott et al.，2016；Ahmed and Marhaba，2017）；因此，环境安全、污染风险、气候变化的影响也是进行傍河水源地选址调查和适宜性评价时需要考虑的重要因素（Hu et al.，2016）。同时为了确保河流健康，应在满足河流生态流量的基础上确定傍河取水的最大允许取水量。

1.3.2 傍河水源地适宜性评价方法研究

20世纪30年代开始，欧洲发达国家、美国、俄罗斯等多个国家就开始将地下水资源作为备用水源进行大量开采，随后逐渐开展水源地的选址评价工作研究。美国国家环境保护局于1997年构建了水源地选址技术模型，并形成了相应的技术标准和导则；该模型采用层次分析法，选取了与饮用水源水质健康安全状况相关的7项指标和与生态系统脆弱性相关的8项指标，共计15项指标（EPA，1997）。新西兰在2002年建立了水源地选址方法，通过调研获取流域内潜在污染源及可能产生污染物的分布情况，进行饮用水质安全等级评价，向社会发布评价结果，根据评价结果提出相应的决策建议。加拿大在2002年采用水质指数法对水体进行评价，将水体赋予不同的分值（0～100），据此将水体划分为差（0～44）、及格（45～59）、中等（60～79）、好（80～94）和极好（95～100）共5个级别，对不同级别的水体采取不同的水处理工艺或者放弃水源地选址方案。

我国随着社会经济的快速发展，为了保证城市居民饮水的量与质，国内很多大中型城市已开始寻求建设傍河水源地。国内学者前期针对傍河水源地选择条件、选址评价及其脆弱性评价等方面做了很多研究工作。明确了水源地位置的确定条件，首先应该选择在避开城市地区地下水位降落漏斗或地面沉降位置，目前各重要城市市区地下水总体超采，再无扩大开采潜力；其次需在同一水文地质单元距离上，应保证新建的地下水水源地与现有的水源地应大于10km（崔秋苹等，2010）。根据不同的水源地类型，开展了相应水源地选址及其适宜性评价研究，如汤卫文（2002）根据河流水量、河道、施工条件、水质项目、影响因素等方面的分析来阐述集中式供水水源的选址问题；或针对城市水源选址中的风险因子，讨论了风险分析及评价的原理，提出了对比风险分析方法及其在水源选址中的应用方法学，并以一个城市新水源的选择案例说明了该方法的应用（郭虹，1994）。此外，也有学者利用HYDRUS-1D模型进行数值模拟确定指标评分体系，然后利用多元统计分析中的主成分分析和指标分析方法确定评价指标权值进行综合评价（雷静等，2003）；或选择蒙特卡罗随机模拟结合过程模拟模型LEACHM，在饱和带范围内采用三维数值模型MODFLOW结合BP神经网络的方式，完成整个地下水系统的脆弱性评价（张树军等，2009）。

如上所述，国内前期对于傍河水源地适宜性评价的研究多集中在傍河地下水的脆弱性评价方面，主要研究方法一般包括迭置指数法、统计学方法、模糊数学法等（Polomčić et al.，2013）。

迭置指数法虽然具有指标明确、计算简单的优点，但对污染物进入地下水的过程描述较为模糊，因此考虑使用一维运移模拟（Hydrus-1D）方程描述污染物进入地下水的过程，以污染物运移至地下水面的时间为评价指标，指标大小更能直接反映地下水的脆弱性（Ismail et al.，2013）；也有研究指出地下水防污性能评价更多的是与土壤有机碳含量、颗粒大小及含水层埋深等参数关联明显，而与土地利用类型和污染物的化学性质关联不显著（付佳妮等，2015）。地下水脆弱性评价方法一般考虑污染物在土壤中的变化及气候条件，即以点位因素为主，或考虑污染物在土壤中发生吸附、降解和溶解等作用。

　　统计学方法是基于对统计学理论的应用，通过分析已有的地下水污染信息和资料，确定地下水脆弱性的各个指标，并用分析方程表示，再将已赋值的评价指标代入方程中计算，最后根据结果对防污性能进行评价，但该法需要以足够的监测资料和数据作为支撑基础（杨琦，2013）。如黎坤等（2005）以佛山市新饮用水水源地选址为例，共选取了 9 个特征指标，包括水量、水质、输水距离、投资 4 个定量指标和河道地形、水源保护的难易度、对经济发展的影响程度、水源污染风险、对航运的影响程度 5 个定性指标。周玲霞等（2014）通过岸线稳定性、岸前水深、流速、岸线利用情况 4 个各指标的选取，构建了水源地适宜性评价模型，并对长江南京段岸线进行了适应性分析。

　　模糊数学法是以传统评价方法为基础，利用模糊数学的手段来确定评价指标的评分体系和权值，该方法适用于大范围或小比例尺地区，结果精度高；优点在于提高了评价结果的精度，缺点在于数学模型实现的不确定性。王凌芬等（2011）将水源地属性分类构建了一套应急水源地评价指标体系，利用层次分析法确定指标体系，模糊综合评判模型中各个指标的权重，研究成果应用于镇江市规划应急水源地的应急等级评价工作。

　　DRASTIC 方法属于经验型的迭置指数评价方法，是迭置指数法中评价地下水防污性能常用的一种方法，评价指标权重及其评分值是专家根据水文地质经验而人为确定，具有较强的主观性，且这种主观性会在评价结果中被放大（Ko et al.，2010）。

　　目前这些研究方法都有缺陷性和不完整性，对于迭置指数法来说，一方面它的评分和权重赋值有很大的人为主观性，不能较为客观地定量研究问题，另外仅评价天然条件对污染物的阻滞作用，而忽略了各类污染物在同一研究区迁移能力差异，从而影响评价结果的明确性。对于统计学方法而言，其需要大量的资料和检测数据，往往难以获得完整的信息。对于 DRASTIC 模型，已有研究发现评价指标与评价结果间表现为非线性（Warner et al.，2006），且若以包气带中某种介质评分，应该考虑其厚度等。在地下水脆弱性评价过程中，应当按照实际的水文地质条件灵活地增加或减少评价指标。如补给量的季节性变化、入渗系数、土地利用类型、污染物的物理化学性质都是影响地下水脆弱性评价的重要因素，应该加入指标体系一同讨论。且傍河地下水系统是一个庞大且复杂的系统，对于其评价的各种方法在实际应用中往往表现出较为明显的随机性和模糊性，因而改进完善傍河水源地的评价方法，并探索新的评价方法体系已经成为了近年来研究的趋势和重点。

1.3.3　傍河水源地适宜性评价研究存在的问题

　　虽然国内外针对傍河水源地的研究已经开展了大量的工作，但是对傍河水源地还没有统一的评价方法，也尚无完善的评价指标体系及规范。傍河水源地评价工作通常主要考虑水质评价指标与含水层水资源量勘查指标，少有研究考虑水源地的多种地质环境影响因素及流域污染源风险（Mantoglou et al.，2004）；例如美国的水源评价计划（Source Water Assessment Program）、新西兰饮用水源监测和分级框架草案（A Monitoring and grading framework for New Zealand drinking -water sources-Draft）以及加拿大和欧盟对水源地制定的取水导则，只是对水质进行不同分值的分级评价（Katsifarakis et al.，2006）。我国目前傍河水源地评价工作参照的标准有《地表水环境质量标准》（GB 3838－2002），《地下水资源分类分级标准》（GB 15218－94），《供水水文地质勘察规范》（GB 50027－2001）等。这些标准和规范普遍采用单指标评价方法进行评价，无法给出傍河水源地的综合状况，也难以有效地阐释水源地水资源量和水质的变化。

因此目前国内傍河水源地适宜性评价研究主要存在两方面问题：

（1）评价指标体系不健全。目前大多数傍河水源地开采的影响因素众多，但其适宜性和可靠性评价都只注重于水量的保证和水质的安全两个方面。一般情况下尚未将涉及地表水和地下水交互作用程度和地下水开发利用条件等多样性因素，将其纳入取水适宜性评价体系中作为傍河地下水开采适宜性的重要影响指标的研究和应用还比较少，造成目前傍河水源地取水适宜性评价指标体系还不够健全。

（2）目前国内外尚未形成完善成熟的傍河水源地的选址调查和适宜性评价技术，现有技术尚不能有效指导傍河水源地规划和建设，因此亟须对傍河水源地规划、设计与建设的关键共性技术进行深入研究，为开展傍河水源地建设提供可以推广的关键技术。

1.4 傍河水源地优化布井研究进展

1.4.1 傍河水源地布井优化现状分析

傍河水源地优化布井过程影响因素众多，主要可归纳为水量因素和水质因素，学者们根据两大类因素的侧重点将众多方法引入到水源地布井优化研究工作当中（Das et al.，1999；Shamir et al.，1984）。水量方面的影响因素中，开采井井位对布井优化的重要影响，可通过河水入渗补给率计算或0－1整数规划中的分支－定界法，对原拟定井位进行对比优化（王允麒，1989；张远东等，2001）。开采井的位置选定后，其布井数量、开采量和水位降深等约束条件将需要进一步优化完善（Abdel-Fattah 等，2008；Hansen 等，2013）。国外相关研究中有采用模拟退火启发式算法，对葡萄牙某傍河水源地的以上约束条件进行了优化，发现水源地建设成本对开采井类型的影响较大；也有利用地下水模拟方法，研究了塞尔维亚贝尔格莱德市傍河水源地枯水期满足供水需求的最优开采量（Polomčić等，2013），或模拟优化了马来西亚吉兰丹州傍河水源地，其稳定开采状态最大降深为2m条件下开采井的最优开采速率（Ismail et al.，2013）。国内方面，在李官堡水源地、青岛市潮河水源地、陕北典型傍河水源地等，学者们分别针对井河距离、单井涌水量、含水层厚度、水位埋深、渗透系数等因素进行了优化开采分析（易树平等，2006；付佳妮等，2015；郭学茹等，2013），获得在水位降深最小条件下最大限度地利用河水的开采方案（刘猛，2006；束龙仓，2006）。

　　在以上影响因素中，井河距离除了影响傍河水源地的入渗水量外，对于入渗河水水质的过滤净化作用也有重要影响。傍河水源地在开采条件下受物理、生物和水文地球化学作用等协同控制影响，使河水在流经系统后水质得到净化。傍河水源地开采的初始渗滤以物理拦截和机械过滤为主，而后主要通过吸附及化学沉淀作用，有效去除如粒径较大的颗粒污染物、微生物类、氮类、金属元素等物质。同时化学过程还伴随溶滤、混合、氧化还原作用等，生物过程则依赖于微生物新陈代谢，对含水层中可利用有机物产生降解作用等（Mccallum et al.，2013）。入渗初期有机质生物降解活跃，氧气快速消耗，NO_3^- 及 TOC 含量明显下降，形成明显厌氧区（Ahmed and Marhaba，2017）；该区反硝化细菌和还原性硫酸盐细菌活性增加，氧化还原电位下降，形成有利于铁锰氧化物溶解的高还原性区域（Gross-Wittke et al.，2010）。长期入渗后，在井河距离较远时，受包气带氧气补给和含水层沉积物的地球化学条件控制，氧化还原分带重叠性明显，并在水平和垂直方向差异性突出。如沈阳辽河岸滤系统的浅层氧化还原带从河岸水平延伸至17m，深层延伸至200m；其垂直范围在地表以下 0～10m（Su et al.，2018）。因此，需综合考虑水量因素和水质因素，开展傍河取水优化布井技术研究，结合地下水流数值模型等技术手段，构建多目标优化模型，确定开采井安全傍河距离、开采井数目、单井开采量、井距等关键技术参数，设计完善傍河水源地优化布井方案。

1.4.2　不同类型布井优化的研究现状

1.4.2.1　地下水污染治理抽水井优化

　　地下水污染治理中关于抽水井位置、个数、抽水速率等目标的优化常为多目标优化问题（Dougherty and Marryott，1991；Rogers and Dowla，1994）。对于实际工作中涉及多个目标甚至出现相互对立的目标的优化问题，多采用权重设置的方法将多目标优化转化为单目标的极值求解优化（杨琦，2013）。如在满足水质要求及成本最小的条件下，有研究基于遗传算法与微分动态规划设计了一套抽水处理优化系统，计算出最优的抽水井的数量及位置（梁诚昌等，2007）；也有研究通过引入遗传算法对多情景随机模型的求解，提高了抽出处理技术在工程应用中的有效性和可靠性，并在此基础上获得了抽水井和注水井的最优位置及抽水速率（Ko et al.，2010）。同时，还有研究从数学或统计角度分析，认为基于现有的地质数据来解决水源地优化布井是个逆序问题，针对水源地位置的确定问题基于模拟优化方法建立了一个并行演化模型，将污染物运移模型同该模拟优化方法结合来解决这一逆序问题（Mirghani et al.，2009）；或基于二维地下水系统提出了用于地下水井位和抽水速率识别的 S/O 模型，该模型与基于遗传算法的优化模型相结合，然后用它来确定抽水速率（Gökçe et al.，2015）。此外，也有研究通过模型模拟结合起来实现水量和水质的多目标优化，通常采用水流模型与溶质运移模型相结合，如利用 Visual MODF-LOW 中的 MGO 模块并根据遗传算法对污染场地抽水井进行优化，分析布井优化结果与各因素之间的敏感性，并获得抽水井的最优布局（刘苑，2008；万鹏，2013）。

1.4.2.2　滨岸带水源地开采井优化

　　目前专家学者对滨岸带含水层取水方案优化研究成果较为丰富，各种研究方法在该问题的研究过程中得到了广泛的应用（Mayer et al.，2002；Gaur et al.，2011）。研究者根据不同问题，提出了相应的目标函数及其约束条件（Hallaji et al.，1996；Cheng et al.，2003）。大部分研究主要针对滨海区的海水入侵问题开展，对水源井位置和抽水量进行优化时，以抽水井取水盐度或泵送成本最小化作为优化目标（Emch and Yeh，1998；Das et al.，1999）。为了保证抽水井中不发生海水入侵，以遗传算法和优化算法为基础进行拓展延伸，开展抽水井布置及抽水率的优化研究。如基于非线性优化和进化算法、遗传算法和淡水流控制方程数值解的抽水网络优化模型对海岸带含水层最佳抽水率进行研究（Mantoglou et al.，2004，2008；Katsifarakis et al.，2005）。随着神经网络的研究热潮，学者们将遗传编程（GP）和模块化神经网络（MNN）两种不同的模型同多目标遗传算法（MOGA）相耦合，以获得用于沿海含水层的管理的最佳方法（Sreekanth et al.，2006）。George Kourakos 等（2009）在滨岸带含水层研究中开发了一种基于模块化神经网络的优化方法，该方法有几个小的子网络模块，采用快速自适应过程的训练，合作解决一个有许多决策变量的布井优化问题。也有研究从水文地质常规方法和角度出发，在地下水脆弱性的基础上运用差分遗传算法，针对海岸带含水层提出了一种地下水生产井布设的优化模型，用来确定新生产井的位置（Elçi et al.，2014）；利用数值模型和抽水试验相结合的方法，确定了滨海含水层水盐结合面，并在此基础上确定了抽水井的最大抽水速率（施雷等，2011）；或提出了防止海水入侵和保证抽水速率的多目标的综合优化模型，运用迭代的子域法搜索最优解，并获得满足扰动的位置和泵送率（Park et al.，2012）。

1.4.2.3 灌区开采井优化

灌区作为把有限的水资源合理配置到农作物生长所需区域的工程，需要考虑井群效应，以开采井优化为目标，最终达到最大灌溉效益。学者们围绕这一核心问题，以水文地质单元为基础，对于不同地质单元中抽水试验水位降深和井间距离之间的关系，运用单井灌溉面积法以及区内允许开采模数等指标确定灌区开采井数（丁树常等，1998；于长青等，2008）。随后逐渐引入单井面积法、允许开采模数法、线性规划法或单井和群井抽水试验等，以群井干扰系数为计算依据确定灌区的最佳开采井间距（王红雨等，1995；石作福等，2000；韩育林等，2006）。同时，灌区的开采井优化还需关注水量平衡和灌溉用水的供求关系，以及开采井布局与地下水动态变化之间的关系。据此，学者们模拟确定了内蒙古河套灌区内开采井最优开采量为 $1200\mathrm{m^3/d}$（王康等，2007），通过工程模糊集理论优选了地下水开采方案（范珊珊，2013），采用熵权法计算选取相关指标构建模型对灌区井空间布局进行适宜性评价（刘鑫等，2013）。

1.4.2.4 地下水监测井网优化

区域地下水监测井的优化布设对于区域地下水系统管理意义重大。在保证最少监测费用和最大成本效益的前提下，学者们采用模拟优化方法对大尺度污染羽状物进行长期观测井网最优化设计，最大化地获取区域污染风险和污染现状信息，并通过地理信息系统数据图层进行算术叠加获得综合图层来优化监测井的位置和监测组分的选择（吴剑锋等，2011）。通过引入遗传算法等多种不同演化算法，建立地下水污染监测网多目标优化模型并对其进行求解，结合高阶 Pareto 多目标优化、克立金和 NSGA－2 优化平衡多个目标并对其进行可靠性验证，最终应用于长期的地下水监测网优化之中（Cieniawski et al.，1995；Reed et al.，2004；Kollat et al.，2006，2007）。

在此过程中，学者们根据区域污染监测的有效性，监测到的区域脆弱性等不同目标，构建了相应的优化模型。以地下水埋深和地下水矿化度克立金估计方差最小为优化目标构建的优化模型，用于区域地下水监测网空间布局的优化（蒋庆，2008）；以研究区内地下水污染源分布情况作为监测个数设计的依据，基于 DRASTIC 模型对北京平原区开展了脆弱性评价，结合地下水水质变化规律对区内监测井进行优化（周磊等，2008）；基于脆弱性分区和地学统计相结合的方法，确定区域地下水污染监测井位置，采用多目标粒子群优化算法以误差最小为目标，建立关于三氮污染物多目标监测井网优化模型并对其进行求解，获得了较为合理的监测井优化结果（尹慧等，2013）。

1.4.3　傍河水源地优化布井研究存在的问题

水环境因素对傍河取水方案的合理性有着直接影响。首先，傍河水源地的水量开采大部分是河水经含水层入渗补给的地下水资源，并且随着傍河取水规模的增大，入渗量逐渐增大，起到了丰水期含水层储水、枯水期含水层释水的作用，能够在很大程度上维持水源地开采对水量的要求。正是由于该补给特点，优化布井成为保障傍河水源地水量的关键，如何优化开采井布局、数量、开采量、水位降深和井河距离等是当前需要解决的关键问题。

其次，开采过程中河水经由含水层介质进入开采井，入渗原水体中携带的各类污染物等会通过含水层中的吸附沉淀、过滤、混合及分解等物理化学生物作用，得以净化和过滤。该过滤作用取决于以上作用过程的反应程度，上述作用越充分，净化效果越好。因此，水体在含水层中的停留时间受到井河距离的制约，只有开采井与河流间距离足够大时才能保证取水水质或某种特征污染物浓度的要求。因此，上述水质因素如何影响傍河水源地的供水安全，也是布井优化需要解决的关键问题。

综上所述，傍河水源地的建设需对水量和水质双重兼顾，并结合实际场地进行深入研究，结合当前多样的模型与模拟技术手段，优化傍河水源地的井群傍河距离、空间分布、取水量等多个技术指标，确定优化开采井的布井方案等，尽可能地既有效激发河流补给量、又保证入渗水体的供水安全。

1.5　傍河水源地水质预测预警研究进展

1.5.1　傍河水源地水质安全预警研究进展

预警是根据已有经验，对事件发生的预兆作出总结，从而对事件的再次发生或事件发生前作出预判，便于及时采取应对措施，从而最大限度地降低事件发生带来的不可控性后果。傍河水源地水质安全预警，目的在于确保水质安全，通过提出预警措施降低水源地受到危害的可能性或通过提前制订若干可能发生事件对水源地造成危害的应对方案以实现对水源地水质安全的管控（董志颖等，2002），通过一系列预警手段，根据水源地及其周边

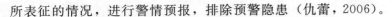

所表征的情况，进行警情预报，排除预警隐患（仇蕾，2006）。

1.5.1.1 基于水质状态的水源地水质预测预警

目前，水源地水质安全预警工作中应用最广泛的是基于水质状态的预警，水质监测则是这项工作的核心。河流水质监测由于采样监测的便捷性而受到推广（Wang et al.，2015）。近年来，随着监测、检测分析技术的提升，国内外地下水水源地水质监测工作有了较大进步，并应用于预警工作中。

20 世纪中期，美国俄亥俄河被沿河布设 15 个色谱监测点，监测点通过收集数据后传输到监测中心，以此来判断河流中有机污染物等物质的变化，曾在 1976 年的四氯化碳污染事故和 1988 年的石油泄漏事故中发挥了较好的作用。俄亥俄州设置了硝酸盐、杀虫剂、除草剂、细菌、合成有机物、挥发性有机物、金属、温度、pH、电导率、溶解氧和总碱度等为监测参数，根据水质监测结果展开预警（张智涛等，2013）。

德国 Sensatec 公司运用自主研发的地下水监测传感器，直观介绍地下水水质预防控制系统的重要任务。当水质安全面临污染危险时，传感器就发出预警信号，综合处理中心收到预警信号后可采取应对措施以发挥预警系统的作用。

我国台湾地区主要通过监测和评价地下水水质状况进行水质安全预警。2005 年，台湾完成了高污染潜势地区地下水水质预警监测网规划，在 20 处工业区范围之外共设置 87 口监测井，并定期持续监测，以期及早发现高污染潜势地区地下水异常情况。

1.5.1.2 基于水质变化趋势的水源地水质预测预警

相关研究工作的开展除了依托水源地的现状水质外，水质的变化趋势也是重要的评估因素。例如通过 BP 神经网络法分析地下水水质的变化趋势得出研究区地下水的使用功能区划；基于灰色数列预测模型和数值模型获得深层地下水变化趋势并提出了应对该变化的开采方案；或通过过程模拟法对辽河平原进行地下水污染预警研究，在确定区域特征污染物后，模拟其在包气带和饱和带中的迁移转化过程，确定预警分区（张蕾，2006；冯娟，2011；郭永丽，2014）。

因此，水质预测可以用于水源地水质安全预警（李如忠，2006）。目前，国内外研究已将水质预测方法推向实用化阶段（韩晓刚，2007）。常见方法可分为以下几类。

1. 数理统计法

数理统计法根据预测因子的数量，可以将预测分为单因素预测和多因素预测。单因素预测需要丰富的水质资料信息，预测未来水质变化趋势，其准确性受限于原始资料丰富程度。多因素预测综合考虑影响原水水质状况的诸多因子进行预测。两种方法的优劣比较见表 1.1。

表 1.1　　　　　　　　　　　　　　数理统计预测方法比较

预测方法	优　点	缺　点
单因素预测	数学理论完善、数据需求量小、简便易行	准确性差、实际应用困难
多因素预测	充分考虑水质指标与其影响因素间的相互关系	涉及因素多、所需的资料信息量大、建模困难

2. 人工神经网络法

人工神经网络法通过分析历史数据，识别环境因子和水质指标间的关系，通过纵向序列的比对，定量预测水质因子的变化（Nagy et al.，2002）。目前，人工神经网络法常用的有：连接型网络模型、Hopfield 模型、BP 模型（Lee et al.，2002）、玻尔茨曼机模型等（Narendra et al.，1991）。BP 模型由于建模简便，预测精度相对较高，被广泛应用，其缺点是数学理论基础不够完善（Molga et al.，2006）。

3. 灰色系统法

区别于传统的预测方法，灰色系统法并非直接针对历史数据，而是对原始的、无规律数据若干次累加处理，获得相关时间序列（胡惠彬，1993）。应用微分方程进行拟合，从而得到便于长时间序列预测的动态模型 GM（n，h）。现阶段应用较多的是 GM（1，1）灰色模型（戴志军等，2002）。但该方法也有很大的局限性，即模型预测精度较高的前提是原始数据呈指数规律变化，一旦数据不符合指数变化，预测结果则可能出现较大的偏差。

4. 水质模拟模型法

水质模型主要通过数学方法，建立水质指标内在规律与相互关系的方程，按变量的空间维数可分为：一维、二维、三维模型。模糊集理论（Baffaut et al.，1990）、灰色系统理论（陈巧玲等，2005）逐渐被应用到水质模型机理及应用的研究中。但水质模型只适用于较小时间尺度上的预测。

5. 决策树法

本质为机器学习，以实例为基础的归纳学习方法。该方法虽然预测精度相对较高，但理论尚不完善，因此只适用于数据量相对较小的情况（栾丽华等，2004）。

上述预测方法的适用情形及局限性对比见表 1.2。在实际应用过程中，应综合分析待预测指标与研究区水质特征，选用适当的预测方法建立模型。

表 1.2 水质预测方法比较

预测方法	适用情形	数据资料	难易程度
数理统计法	中、长期预测	要求有较丰富的数据资料	单因素简单，多因素烦琐
人工神经网络法	中、短期预测	要求有较丰富的数据样本	已工具化、程序化
灰色系统法	中、短期预测	适用于资料较不足的情形	简单
水质模拟模型法	较小时间尺度	要求有较丰富的数据资料	较复杂
决策树法	中、短期预测	适用于资料不足的情形	简单

1.5.1.3 水质趋势与状态相结合的水源地水质预测预警

根据水质监测结果，选取适当的水质因子进行水质变化趋势模拟，可以提高预警精度，获得更可靠的预警结果。

初期，有学者们提出地下水水质预警工作实际上是基于当前水质状况的预警和基于水质变化趋势的预警（洪梅，2002），通过地表水体特征指标的分布特征及迁移转化规律，建立水质预警系统，基于 GIS 技术将分析结果可视化（Nolan et al.，2002），或利用 GIS 空间分析模块将区域水质状况与地理信息叠加（董志颖等，2003），提出基于 GIS 分析计算的水质预警方法（董志颖等，2003；谢洪波，2008）。也有研究基于 QUAL2E 模型构建了水质短期预报系统或基于层次分析法，针对地下水脆弱性、污染危害性、污染源风险评价、污染现状评价和地下水水质变化趋势共 5 个指标，建立地下水水质预警系统（Ming-Der et al.，1996；张伟红，2007）。随后，为了更好地实现水源地管理和异地掌控的功能，不断开发出了基于 Web GIS 技术、针对污染源的预警决策系统和以环境风险识别为主的地下水污染预警系统，基于 GIS 和 ENVI＋IDL4.8 平台计算各单元地下水脆弱性，应用可拓理论确定研究区预警级别（杨俊红等，2009；郝永志，2013；郭永丽，2014）。

1.5.2　傍河水源地水质监测指标筛选方法

目前，国内外进行傍河取水的地区并没有专门针对傍河水源地的水质安全保障措施，而往往都是执行常规水源地水质安全保障技术。参照国内外城市集中供水水源地管理方法，得知水源地水质安全保障主要依赖于水质监测，决定水质监测结果是否可靠的重要因素主要涉及监测网的布设和监测因子的选取（白利平等，2011；高觅谛，2012）。

进行傍河水源地水质监测，需同时选取《地表水环境质量标准》（GB 3838—2002）、《地下水质量标准》（GB/T 14848—93）及《生活饮用水水质标准》（GB 5749—2006）中的指标为监测因子，还应涉及特征污染因子，需要考虑的指标众多，而目前的监测技术和手段只能满足监测部分指标。因此，科学合理地选取水质监测指标是能否顺利开展水质安全监测的关键，更是保障居民饮用水水质安全的保证。目前，虽然指标筛选方法研究较多，但关于傍河水源地水质监测指标筛选方法的相关研究较少。

目前国内外关于指标筛选的方法的研究主要通过数理统计分析方法实现，其中德尔菲法、因子分析法、广义方差极小法、灰色关联度法、层次分析法是目前常用的指标筛选方法（Filgueiras et al.，2004；Tung et al.，2009）。

德尔菲法也称专家咨询法，是主观赋权法的一种，优点在于能够发挥各专家的作用，集思广益，缺点是各专家思维存在主观差异，意见难以统一（王菲，2006）。因此，专家咨询法多用于定性筛选。

因子分析法、灰色关联度法、广义方差极小法都是采用了纯数学与统计学理论的方法研究多变量问题（罗红松，2007；周全，2012），属于客观赋权法的一种。这些方法都是从指标的敏感性、特异性、代表性和独立性进行筛选。

由于因子分析法可有效地提取复杂数据群体中的有用信息，该方法在实践中已得到广泛应用（左锐等，2012）。Vincent 等（2008）利用因子分析法对魁北克省的沉积岩含水层系统进行了水文地球化学过程分析，通过选取研究区域范围内 144 样本及 14 个水质参数进行因子分析，确定了解释 78.3% 总方差的海水入侵、离子交换、道路影响等 5 个成分，并对这些源进行了细致解释。Hynds 等对爱尔兰共和国内的 211 口水井进行采样（Hynds et al.，2014），结合各地地质条件分析，确定地下水中的细菌发生率主要受化粪池和农业活动影响。Machiwal 等（2015）结合 Arc GIS 用因子分析法确定了人为来源和自然、地质成因对印度乌代布尔丘陵地区地下水污染的贡献率。Raiber 等（2012）将三维建模与多元统计方法的结合，分析出新西兰怀劳平原、马尔堡区地下水硝酸盐污染主要受水—岩相互作用，氧化还原电位和人类农业活动影响。

因子分析法在进行地下水水质特征分析及水化学演化过程研究时得到广泛应用。Matiatos 等（2014）通过将因子分析法和判别分析法结合常规水化学方法，识别影响其研究区地下水水质分布状况的主要因子为农业活动。Iranmanesh 等采用因子分析法判别美国迪凯特大规模碳捕获和储存（CCS）项目对浅层地下水水质变化的影响（Iranmanesh et al.，2014），通过对 3 个成分因子的分析确定在预先灌浆和注入阶段主要影响地下水水质变化的是水-岩相互作用，而非二氧化碳的注入。Moya 等（2015）利用因子分析识别大自流盆地（GAB）的次盆地加利利和伊罗曼加盆地的污染源，进而识别区内主要含水层的水化学演化过程。在国内，众多学者（胡克林等，2009；丁晓雯等，2012；乔晓辉等，2013；蔡文静等，2013）也分别利用因子分析方法进行指标筛选以识别地下水污染源并分析水文地球化学过程。因子分析法筛选过程中不需要考虑指标的实际权重，只是针对于数据本身进行运算分析，几乎不会受到人为因素的干扰，结果相对客观。

因子分析法与灰色关联度法相比，前者要求大量的数据，数据越多结果越准确可靠，而后者的临界值的确定相对较困难。

广义方差极小法在指标筛选前要考虑清楚指标的个数，并且计算过程相对复杂（张尧庭等，1990）。

层次分析法是定量分析与定性分析的结合，可以通过经验判断法将其量化。其应用主要包括两部分：决策层次、逐层计算权重。权重计算的核心是先进行专家咨询（也称为德尔菲法），再通过两两比较，推导出综合权重值。当需要两两比较的指标较多而且具有较强的相关性时，专家咨询就缺乏可靠性（迟娜娜，2006）。

各方法的特点对比见表 1.3，在进行指标筛选的过程中，应该根据指标的特点选择相对合理的方法（杨帆，2009；董阳等，2014）。

表 1.3　　　　　　　　　　　　　指标筛选方法特点对比表

筛选方法	特　点	缺　点	难　点	分析方式
德尔菲法	经验丰富相关行业专家主观判断	主观性强	实际实施步骤烦琐	定性分析
因子分析法	算法清晰，量化程度高，可筛选出主要成分	样本数据量大，数据必须可靠	计算量较大	定量分析
灰色关联度法	矩阵反映指标相关性，可剔除相关性小的因子	判断相关性强弱的界限值难以确定	确定界限值	定量分析
广义方差极小法	区分度表示指标特性	需事先选定指标个数	计算复杂	定量分析
层次分析法	定性分析、定量分析结合，层次显著	需要专家判断，存在主观差异	指标重要性难以明确，指标个数不能太多	定性＋定量

1.5.3　傍河水源地水质预测预警研究存在的问题

傍河水源地，相比于常规地下水开采方式，具有保障水量和水质的重大意义和潜力。但也因涉及地表水和地下水的不同水环境，需要更加科学合理的水质预测预警体系。首先，我国多数傍河水源地缺乏常规有效的水质安全预警机制，少数以水质监测为主或突发情况下的水源地预警方法也难以完全满足水源地水质安全预警的实际需要。为了确保水质安全，水源地投入了大量的资金进行水质监测与分析，工作缺乏系统性，而且不少往往是水源地已经受到污染才采取相应措施，带来的损失极为严重。完善的水质安全预警体系可以有效地避免这一问题，通过科学合理的监测指标筛选方法，可以有针对性地监测，大大减少水质监测的投入；同时根据监测结果进行污染物运移模拟，能在水源地受到污染威胁时提前发出预警，以便及时采取措施确保饮用水水质安全。其次，由于傍河水源地地下水与河流存在密切的水力联系，河流往往受到排污或突发水质事故的影响而遭受污染，叠加具有隐蔽性、长期性和难以治理性的地下水污染之后，不可避免地增加傍河水源地的污染风险，威胁傍河水原地水质安全。因此，根据风险源的特点，提出一套切实可行的水质安全预警方案，通过减小暴露途径的不可控性来有效地降低风险源对水源地的荷载，可降低地下水受污染的风险；并通过提出相应的预警方案，采取积极的响应措施，最大限度地减少可能的损失。

方法方面，随着研究的深入，单纯的水质监测不足以满足对于水源地预警的全面支撑，水质模拟、风险评估、ArcGIS耦合计算方法被引入到水质安全预警中，形成了适用于不同目标的预警方法，全面提升了预警的针对性和有效性。其中，常见的应用方法包括数理统计法、人工神经网络法、灰色关联度法、水质模拟模型法及决策树法等，上述方法的综合应用一方面促进了多学科的交叉融合，也丰富和完善了地下水型水源地水质安全预警体系。然而各单项预警技术也存在各自的不足。例如，数理统计法中的单因素预测法数学理论完善、数据需求量小，缺点是准确性差、应用性较差；而多因素预测法考虑了水质指标与其影响因素间的相互关系，缺点则是所需的资料信息量大、建模困难。因此，系统构建多种预警技术手段集成综合的全面客观预警技术体系，是当前傍河水源地水质预测预警研究的关键问题。

2.1 地理位置与供水概况

为全面掌握呼兰河流域的基本概况，研究于 2015 年 4 月与 6 月依次调查了绥化市、兰西县、呼兰区及利民开发区的供水水源，如图 2.1 所示。

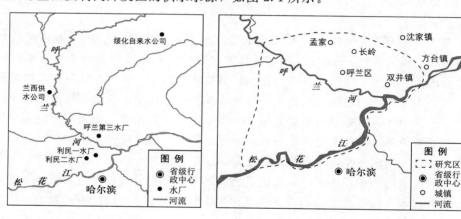

（a）呼兰河流域供水水源   （b）研究区位置示意图

图 2.1 呼兰河流域供水水源与研究区位置示意图

本书研究区位于东经 $126°25'\sim127°19'$，北纬 $45°49'\sim46°25'$ 之间，地处哈尔滨市区北部、松花江北岸、呼兰河下游。该区位置优越，水路、公路及铁路交通干线便捷；位于东北亚经济圈之内，是哈尔滨建设成为东北亚重要国际经贸城市的组成部分，如图 2.1 所示。

2.1.1 绥化市供水概况

绥化市第一水厂位于绥化市东北部，其抽水井深度为 $63\sim67m$，水量丰富，水质较好，原日供水量为 $8000m^3$；需要扩建，目标日供水量为 1 万 m^3。第二水厂位于绥化市南部，供水量不大，建于 2000 年，采用德国设备。第三水厂位于绥化市西北部红星村附近，日供水量为 4 万 m^3，采用日本设备，管道质量差，常出现爆管等问题。绥化市周边农村主要由村大队利用储蓄罐固定时间集中供水。安全保障措施主要为取水井处封闭式管理，加密监控，远红外监控及人员巡视，且有水源地保护区划分。绥化市日用水量为 15 万～16 万 m^3，人口基本饱和，为 50 万～60 万人。绥化市曾建有红星水库，但因水库底部沙层漏水而废止。

2.1.2 兰西县供水概况

兰西县自来水厂成立于 1975 年，当时建有深井 8 口，井深约 100m，后因出水量减少，最终无水而停用。1993 年水厂取用呼兰河水，日供水量 6300m^3，能够保障当时供水需求。但随后河水污染现象开始突显，至 1998 年和 1999 年冬季，河水污染严重。

为了降低河水污染造成的风险，2003—2010 年，水厂在呼兰河东岸距河 2～3km 处布设了 5 眼大口井，其直径为 6m，最大深度为 11m，抽水量为 1 万 m^3/d，该处作为应急水源地，保障了当时的供水需求。但在 2010—2011 年，大口井出水量骤减，仅为原供水量的一半。故在 2012 年，自来水厂将取水方式改为地表水和地下水联合利用，即引进泥河水库之水，夏季丰水期储水，冬季枯水期用水。水库水质优于大口井地下水水质，地下水中铁锰超标较为严重，故大口井作为备用井应急使用。其中 1 号大口井，水面距内井台约 4m，地下水铁锰浓度超标 17～18 倍，浊度也高达 700～800 NTU。兰西县城需水量 $1.5×10^4$～$1.7×10^4 m^3/d$，供水量为 $1×10^4 m^3/d$ 左右，水厂正在扩大规模。

2.1.3 利民及呼兰区供水概况

哈尔滨市利民区松花江与呼兰河之间，区内古河床、河道分布较多，地下水丰富，20 世纪 90 年代年地下水埋深约为 2m。目前区内已有 3 个集中开采的水源地，分别为利民一水源、利民二水源和前进水源地，另有部分企业配有自备水源井零星分布，利民区水源地供水量共计为 $3×10^4$～$6×10^4 m^3/d$。利民一水源建有水井 8 口，利民二水源有水井 12 口，累计设计供水量 $5.8×10^4 m^3/d$，井间距为 500m，井深为 50m，水位埋深为 5～6m。其中以利民二水源供水为主，日供水量小于 $4×10^4 m^3$，供水人口约 20 万人。水源地原水水质指标中，铁、锰、氨氮超标，硬度在规定范围内偏高。水源地安全保障措施包括水质监测、红外报警、布设监控以及防雨措施等。

呼兰区位于呼兰河汇入松花江处以北，水资源较为丰富。2013 年前，区内给水工程处理能力为 $2.5×10^4 m^3/d$，其中第一水厂建有深井 2 眼，供水能力 $0.5×10^4 m^3/d$；第二水厂建有深井 7 眼，供水能力 $2×10^4 m^3/d$。但由于所用净水工艺的限制，水源地井水中铁、锰含量超标，且硬度值较高，对呼兰区居民的身体健康有较大的影响，大部分居民纷纷自主安装过滤器或购买桶装水。因此 2013 年区内第三水厂建成投产后，第一水厂已报废不再供水，第二水厂由于净水工艺未考虑硬度去除，供水情况也不容乐观。目前呼兰区供水水源主要为第三水厂，位于呼兰区新民街三委八组，总用地面积 16728m^2，水源地共建深井 12 眼，其中 11 眼为取水井，1 眼为备用井，井径 600mm，直径 300mm，井深 60m，单井出水量 125m^3/h，供水能力 $3×10^4 m^3/d$。

2.2 气候条件

哈尔滨市呼兰区地处中纬度地带，属中温带大陆性季风气候，全区气候差异不大，南部气温略高。气候特点四季分明，春季干燥多风，夏季湿热多雨，秋季温凉早霜，冬季严寒漫长。年平均气温 3.3℃，1 月平均气温最低为 −20.4℃，极端最低气温为 −41.1℃，无霜期平均 143d，冻结期 11 月至次年 3 月，冻土深度为 1.97m。多年平均降水量 501.4mm，降水由东向西逐渐递减。丰水年降水量达 762.8mm（1960 年），枯水年降水量为 323.4mm（1976 年），枯丰水年的年降水量相差 439.4mm，42 年内等于或大于平均年降水量的占 54.76%，年降水量均为 400～600mm，最大月降水量 311.6mm（1960 年 8 月），最小月降水量 0mm（1986 年 4 月，1996 年 1 月、2 月），年蒸发量为 959mm，5—6 月蒸发强烈，水面蒸发 726mm。

全年日照充足，年平均日照 2661.4 小时，年平均日照百分率 61%。春季风速较大，全年最多风向为西南风。全年无霜期平均 144d。初霜日期平均为 9 月 26 日，终霜日期平均在 5 月 4 日。全年气温以 7 月最热，月平均气温为 23.1℃；全年 1 月最冷，月平均气温为 −19.4℃。冻土深达 197cm。四季分明，春季 4—5 月干旱少雨，多西南大风；夏季 6—8 月高温多雨，气候湿润，多偏南风；秋季 9—10 月凉爽，多偏西风，气温逐渐下降；冬季 11 月至次年 3 月，漫长严寒，干冷少雪，多西北风。

2.3 水文概况

呼兰区境内地表水系较发育，主要有松花江、呼兰河、泥河、漂河等。松花江南源，西流松花江发源地于长白山天池、北源嫩江发源于伊勒呼里山，全长 2308km，流域面积 545639km²，本区境内流长 66km，流域面积 2612 km²，松花江河道平坦开阔，泄水量大，历史最高洪水位 118.35m（1957 年 9 月 6 日呼兰大堡水位站），洪峰流量最大13180m³/s，最小流量 1481m³/s，松花江哈尔滨站多年平均径流量为 385 亿 m³/a，最大年径流量 847 亿 m³/a（1932 年），最小年径流量 123 亿 m³/a（1920 年）。

呼兰河为扇形枝状水系，发源于小兴安岭山麓的达里带岭，自北向南流经 12 个市县，在呼兰区腰堡镇汇入松花江。呼兰河干流长 505km，流域面积 30977km²，本区境内流长 70 km，流域面积 1733 km²，呼兰河最高洪水位 119.05m（1985 年 8 月 20 日公路大桥水位站），历史最低洪峰水位 112.69m（1981 年 6 月 8 日），多年平均年径流量 41.3 亿 m³/a，丰水年（1963 年）径流量 75.1 亿 m³/a，枯水年（1976 年）径流量 13.2 亿 m³/a，平均流量 36.9m³/s，历史最高洪峰流量 5120m³/s（1962 年 8 月 3 日）。

泥河为呼兰河支流，发源于庆安县小兴安岭青黑二山，全长 240km，流域面积 3408km²，平水年水位高程 119.57m，河口多年平均流量 3.1m³/s，多年平均年径流量 0.981 亿 m³/a。漂河发源于巴彦县西北，全长 85km，流域面积 785km²，县境内流长 58km，流域面积 293 km²，多年平均流量 1.22m³/s，相应径流量 0.385 亿 m³/a。少陵河发源于庆安县小黑山，全长 135km，流域面积 2468km²，境内流长 12km，流域面积

93km²。呼兰区地下水源比较丰富，地下水分为潜水和承压水。潜水分布在呼兰河两岸的河漫滩，平均厚度为 30m，水位标高约为 113m，埋深为 3~5m，汛期河水补给地下水，造成水位升高，非汛期地下水向河水排泄。

区内地表水资源量可根据区内多年平均径流深等值线图，采用等值线法求出区域内的多年平均径流量。区内面积 2600.86km²，平均年径流深 39.8mm，经计算分析区多年平均地表年径流量为 1.04 亿 m³/a。呼兰区地下水补给量主要来源于降水入渗量、地表水体入渗补给、侧向径流补给、农田灌溉水回归补给。根据《黑龙江省水资源综合规划地下水资源评价报告》，呼兰区地表水资源量为 1.04 亿 m³/a，地下水资源量为 2.50 亿 m³/a，扣除重复量 0.45 亿 m³/a，呼兰区水资源总量为 3.09 亿 m³/a。

2.4　地形地貌

呼兰区地处松嫩平原东部，地势平坦开阔，中西部低洼，东部略高，地面高程 110~180.5m，高差 20~30m，呼兰区地貌按其成因形态特征可划分为剥蚀堆积地形—高平原和堆积地形。剥蚀堆积地形—高平原主要分布于呼兰区东北部，地面高程 150~210m，地面呈坡状或缓坡漫岗状，平原前缘沟谷发育，组成物质为粉质黏土、砂砾石。堆积地形为：①松花江、呼兰河阶地，分布于松花江北侧及呼兰河左侧，地面高程 122~140m，阶面平坦，前缘与漫滩呈陡坎相接，后缘呈缓坡与高平原相连，高差 5~10m，主要由上更新统顾乡屯组黄土状粉质黏土、砂砾石组成；②松花江漫滩，分布于松花江北岸，滩面平坦，地面高程 115~120m，漫滩又分为高漫滩和低漫滩，组成物质为全新统粉质黏土、砂砾石；③支谷漫滩，分布于呼兰河、泥河、漂河等支谷，地面高程 115~140m，地面较平坦，由全新统粉质黏土、砂砾石组成。

2.5　地层岩性

区内除东北部及东南部山地丘陵外，第四系松散地层下，发育巨厚中生界白垩系地层，其自下分为：

（1）泉头组：棕红色泥岩、粉砂岩、细砂岩和灰白色细砂岩，底部为砂砾岩，该组灰黄色花岗砾及砂砾岩、砂岩和页岩。

（2）青山口组：灰绿色泥岩及灰黑色泥页岩。

（3）姚家组：棕红色、灰绿色块状泥岩，砂质泥岩。

（4）嫩江组：底部为黑灰色页岩，中部为深灰色泥岩与灰白色粉、细砂岩，顶部为灰绿棕红色泥岩与灰白色、灰绿色砂岩互层。

上述白垩系砂岩、砂砾岩颗粒较粗，埋藏较浅，含水条件较好。区内晚白垩系及新生界第三系地层缺失。

第四系地层在区内分布较广泛，厚度 4~60m，由老至新分述如下：

中更新统~全新统冲击砂、砂砾石分布在河谷平原区局部地区，厚 3~15m 为良好含水层，在本区分布面积很小，上覆 0~10m 亚砂土、亚黏土和薄层黄褐色粉质

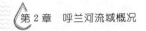

黏土。

全新统冲击砂、砂砾石卵石层，分布在区内各级河流漫滩地带，厚度从上游至下游渐增，厚 10～50m 含丰富的地下水，上覆 0～5m 的淤泥质亚黏土或黄土状黏土。具体地层岩性见表 2.1。

表 2.1　　　　　　　　　　　　　呼兰区地层情况

界	系	统	组	符号	厚度/m	分布位置	岩 性
新生界	第四系	全新统		Q_4	10～50	松花江、呼兰河、泥河、漂河、漫滩	粉质黏土、砂砾石夹淤泥质粉质黏土薄层
		上更新统	顾乡屯组	Q_3^3	20～50	松花江呼兰河阶地	粉质黏土、砂砾石
			哈尔滨组	Q_3^2	5～30	高平原顶部	黄、棕黄色黄土状粉质黏土
		中更新统	荒山组	Q_2	25～60	高平原	黄褐色粉质黏土、砂砾石
中生界	白垩系	上白垩统	嫩江组	K_2	＞1000	区内均有分布	主要为黑色泥岩、页岩、油页岩夹细砂岩
			姚家组	K_2	130	区内均有分布	杂色砂砾岩、暗色砂质泥岩、块状砂岩和泥岩
			青山口组	K_2	240	区内均有分布	黑色绿色泥岩、砂岩
			泉头组	K_2	1200	区内均有分布	泥岩、粉砂质泥岩、砂岩

呼兰区地处于松辽中生代断陷盆地的东部，区内构造主要为北东、北西向的两组断裂及北东向的一组隆起，三者共同构成了哈尔滨地区基本的构造格架。其中，北东向主要为压扭性断裂，北西向为张扭性断裂。松花江断裂位于研究区南部，临松花江地带，北东走向的压扭性断裂，北西倾向，断裂活动性很微弱。呼兰河断裂呈北东向沿着呼兰区河谷发育，南延部分呈北西向进入研究区，为压扭性深断裂，研究区内断裂活动表现微弱。

2.6　水文地质条件

呼兰区的地形地貌、构造地层决定了区内地下水的形成、运移和赋存。区内水文地质条件，如图 2.2 所示。

2.6.1　第四系全新统砂砾石孔隙潜水

分布于松花江、呼兰河、泥河、漂河等河谷漫滩，含水层岩性为中粗砂和砂砾石，含水层埋藏浅，上覆薄层粉质黏土或直接裸露地表，含水层厚度 15～30m，局部可达 40m。

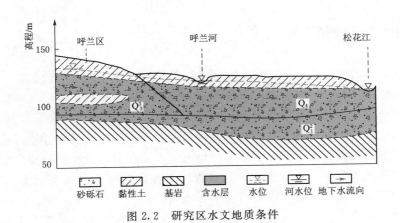

图 2.2 研究区水文地质条件

地下水位埋深一般为 1~5m。主要为大气降水补给，次之为侧向径流补给及丰水期河道入渗补给，排泄主要为潜水蒸发及侧向径流。含水层渗透性及富水性较好，渗透系数 30~80m/d。单井涌水量 1000~3000m³/d，局部大于 3000m³/d，支谷漫滩单井涌水量 100~500m³/d。地下水化学类型为重碳酸-钙型或重碳酸-钙钠型，矿化度小于 1.0g/L，水位年变化幅度 0.6~2.5m。

2.6.2 第四系上更新统顾乡屯组砂砾石孔隙弱承压水

分布于松花江呼兰河阶地，含水层岩性为上更新统顾乡屯组砂砾石，其上覆 5~20m 的黄土状粉质黏土，顶板埋深 7~20m，局部达 30m，含水层厚度 20~35m，水位埋深 5~15m，承压水头 3~10m，富水性较好，导水性强，渗透系数 30~80m/d，单井涌水量 1000~3000m³/d，局部可达 5000m³/d，水位年变化幅度 3~4m，地下水化学类型为重碳酸-钙型，矿化度小于 1.0g/L，地下水主要接受大气降水的补给，同时接受侧向径流补给，通过漫滩泄入江河。

2.6.3 第四系中更新统下荒山组砂砾石孔隙承压水

分布于高平原区，含水层岩性为中更新统荒山组中粗砂、砂砾石，上覆 5~25m 的黄土状粉质黏土及 20~30m 的粉质黏土，含水层顶板埋深 20~50m，含水层厚度 10~40m，水位埋深 15~40m，渗透系数为 10~50m/d，单井涌水量 100~500m³/d，水化学类型为重碳酸-钙型，矿化度小于 1g/L，补给来源主要为大气降水及侧向径流补给，排泄主要方式为侧向径流。

呼兰区地下水动态变化，主要受大气降水因素影响，局部还受水文及水文因素影响。漫滩区孔隙潜水在 4—5 月初为枯水期，7 月进入雨季后水位逐渐上升，至 8—9 月上升到最高值，水位年变幅一般在 2.5m 左右，局部可达 5m，地下水位变化与江河水枯丰水期水位基本同步。地下水动态类型为降水入渗-径流型。阶地区为弱承压水，高平原为承压水，其水位变化晚于潜水。每当中至大雨后 2~3d，承压水位也有明显上升，其年变幅

3～4m，部分地区可达 5～7m，地下水动态类型为降水入渗-径流型。

2.7 取水现状分析

综上所述，研究区主要分布于呼兰河沿岸，从上游至下游依次为绥化市、兰西县、利民及呼兰区，以上区域共同面临由于社会经济发展和已有供水条件的制约引起的供水紧张问题。其中绥化市生活供水水源主要为地下水，但由于距离呼兰河较远，为 70～80km，地表水地下水联合利用条件较差，不适宜建立傍河水源地。呼兰河穿过兰西县境内，根据当年修缮兰西县傍河大口井管道工程的实际情况，当地呼兰河沿岸初期地表水、地下水连通性较好，河水可入渗补给地下水；但部分管道工程在距河 2～3m 开挖后为黏土，无河水渗漏，推测有零星黏土层阻水影响傍河水源地建设。

利民及呼兰区位于松花江和呼兰河之间，距河较近，地表水和地下水资源相对以上两区域较为丰富、连通性较好。但通过当地环境现状调查发现，呼兰河支流燕家沟子河沿岸多处发现排污口和生活垃圾堆放点，呼兰河河心岛上垃圾及牲畜粪便随意堆积，且呼兰河沿岸大片农田，也存在农业面源污染；呼兰河流域水体溶解氧，高锰酸盐指数，氨氮等超标较为严重，直接河道取水存在较大风险。因此，考虑当地供水需求、水文地质条件及水污染现状，区内适宜建立傍河水源地，并针对呼兰区第三水厂及利民开发区水厂开展傍河水源地水质安全保障技术的重点研究。

第3章 傍河水源地适宜性评价技术

开展傍河取水适宜性评价研究是确保傍河水源地水量可持续、水质安全性的重要前提（Zhang et al.，2011）。分析傍河取水适宜性的影响因素和识别方法，构建傍河取水适宜性评价指标体系，提出傍河取水适宜性评价方法，筛选傍河取水适宜地段，制订科学合理的傍河取水技术方案，对保障傍河水源地取水和供水安全具有重要意义。

3.1 傍河水源地适宜性评价指标

针对场地尺度的傍河取水适宜性（傍河水源地选址）评价，可依据《供水水文地质勘察规范》（GB 50027—2001），通过水文地质勘测、水文地质试验、水文地球化学方法、水质分析与评价等技术和方法综合分析傍河水源地的适宜性并进行选址（郭学茹等，2015；关鑫等，2017）。通过地球物理探测技术（Umar et al.，2017）、遥感技术、地理信息系统及空间信息分析技术（Razak et al.，2015）开展傍河水源地适宜性评价与填图，合理确定傍河水源地适宜地段（戴长雷等，2005）。

对流域尺度，在傍河取水适宜性影响因素分析的基础上，建立傍河取水适宜性评价指标体系，详细开展傍河取水适宜性评价工作，确定出评价区域内傍河取水适宜性的相对优劣程度，并做出分区范围，筛选出区域内适宜傍河取水的地段以及不适宜傍河取水的地段，为建立傍河水源地提供科学依据（Wang et al.，2016；关鑫等，2017）。

3.1.1 傍河水源地适宜性评价指标的确定原则

傍河取水适宜性评价指标体系的构建不仅十分复杂而且很具体，需要综合考虑傍河取水适宜性的各种影响因素，因此，傍河取水适宜性评价指标的确定应遵循以下原则（韩再生，1996；李金荣等，2007；Wang et al.，2016；关鑫等，2017）。

（1）综合性原则。所选指标体系能够尽量反映出傍河水源地的全部属性。

（2）主导性原则。评价因子对傍河取水的影响有主次之分，评价因子应尽量选择对傍河水源地适宜性影响显著的因子。

（3）限制性原则。傍河水源地适宜性的影响因素常常有一些具有限制性的作用，如果不加以考虑，会主观上扩大可建设水源地的适宜范围，造成不良影响。

（4）差异性与不相容性原则。分析因子应尽量选择区域范围内差异显著的因子以避免相关性影响分析结果，指标间不能出现因果关系，应选择相对独立的因子。

（5）稳定性原则。评价因子在作用时间上应该是稳定的，在时间尺度上短暂作用的因子不能作为适宜性分析的依据，只有稳定的因子才能体现傍河水源地的属性，真正分析出傍河取水适宜性。

（6）定量与定性相结合的原则。尽量把定性的、经验性的分析进行量化，以定量为主，减少主观成分对评价结果的影响，提高精度。

3.1.2 傍河水源地适宜性初筛指标及方法

通过分析区域自然地理条件、河水与地下水的水力联系、土地/环境功能现状和区划，排除明显不具备傍河取水条件的地区，初步筛选出具有傍河取水可能性的大致区域，为进一步的傍河取水适宜性评价工作划定研究范围。因此初筛指标主要由自然地理条件、河水与地下水的水力联系、土地/环境功能可行性三个指标组成。

对于自然地理条件，重点考虑平原区河流沿岸区域。平原区是人类社会生产、生活的主要场所，水资源需求旺盛，水源地建设的自然地理条件相对较好，因此，傍河取水主要考虑平原区河流沿岸。

对于河水与地下水的水力联系，要重点考虑河水与地下水的水力联系程度。开采井中河水入渗量随着与河流距离的增加而减小，到达一定距离之后河水与地下水便不再具有直接的水力联系，傍河取水目标的实现也越发困难。因此，参照《内河通航标准》（GB 50139—2004）的径流分级标准，人为划定傍河取水可行区域范围（表 3.1）。如果在可行区域范围内遇地下水或地表水分水岭，则以分水岭为界。

表 3.1　　　　　　　　　　　　　　　河流两岸傍河取水考察区范围

级　别	一	二	三	四	五
径流/（亿 m³/a）	≥600	600～250	250～100	100～40	≤40
考察范围/km	20	18	15	13	10

对于土地/环境功能可行性，重点考虑傍河水源地的建设应在土地或环境功能区划的允许范围内。地表水库及湖泊的蓄水区、湿地保护区、规划建设用地区、军事保护区等范围均可以排除在外；已发生地面沉降、地面塌陷、海水入侵等环境地质问题的地区也排除在外。

傍河取水适宜性的初筛评价方法，可分别做出上述指标的分区图并通过 GIS 技术进行叠加，初步筛选出傍河取水的适宜区域和不适宜区域，缩小傍河取水适宜区域的评价范围。

3.1.3 傍河水源地适宜性评价指标

在傍河取水适宜性初步筛选评价的基础上，可进一步详细开展傍河取水适宜性评价工作，确定出评价区域内傍河取水适宜性的相对优劣程度，并给出分区范围（关鑫等，2017）。

综合分析傍河水源地适宜性的影响因素，对比国内外已有傍河水源地选址适宜性评价指标，结合松花江流域的特点，从水量、水质、地表水与地下水交互作用强度以及地下水开采条件四方面，建立傍河取水适宜性评价指标（Wang et al.，2016），如图 3.1 所示。

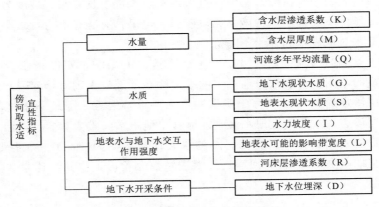

图 3.1　傍河取水适宜性评价指标

3.1.3.1　水量适宜性评价指标

作为傍河水源地，可供水量应为核心的评价因素。水量主要取决于天然条件下的含水层富水性及补给强度，以及开采条件下的河流对含水层的侧渗补给潜力，主要是指地下水的丰富程度及地表水的补给强度两方面（Wang et al.，2016）。因此，水量适宜性评价指标包括：含水层渗透系数（K）、含水层厚度（M）、河流多年平均流量（Q）组成。含水层渗透系数指示着含水层的岩性，反映了含水层岩土的透水能力，含水层渗透系数越大，则水力传导能力越强，对傍河取水越优。含水层厚度代表了含水层的规模，含水层厚度越大，则对傍河取水越优，而含水层厚度过小则不利于建设集中供水水源地。河流多年平均流量的大小直接反映了地表水的丰富程度，地表水的多年平均径流量越大，则地表水向地下水的补给潜力越大，对傍河取水越优。

3.1.3.2　水质适宜性评价指标

水质适宜性评价指标的确定是傍河取水适宜性评价的重要内容，水质现状级别直接反映了地表水或地下水是否可饮。主要是根据水体中的主要物质成分和给定的水质标准，分析水体水质的时空分布状况，为水资源的开发利用和规划管理提供科学依据。水质适宜性评价指标主要表示天然条件下地下水现状水质状况（G）以及地表水现状水质状况（S）。在水质适宜性的评价过程中，Ⅰ级、Ⅱ级、Ⅲ级水作为可饮用水，赋分值较高；Ⅳ级水必须经过处理，赋及格分数；Ⅴ级水是傍河取水适宜性的否定性因素，赋较小负数，使负面水质因素可以在傍河取水适宜性评价过程中起到否定性作用。

3.1.3.3　地表水与地下水交互作用强度

傍河取水的主要优势就是可以充分利用地表水与地下水的水力联系，以达到地表水补给地下水，同时改善地表水的作用，因此地表水与地下水的交互作用强度就显得尤为重要。地表水与地下水的交互作用强度主要考虑地表水与地下水的补排关系、地表水与地下水具有水力联系的范围以及地表水与地下水之间水力联系强度。

（1）水力坡度（I）。水力坡度直接反映了地表水与地下水的补排关系，并指示着交互作用带的补排条件。水力坡度为正表示河水补给地下水，傍河取水条件相对优越，但正向水力坡度过大，则表明现状傍河开采强度过大或补给条件不良；水力坡度为负表示地下水补给河水，现状条件下袭夺河水的能力相对较弱，但仍具有袭夺潜力，过小的水力坡度负值可能指示地下水对地表水的补给不畅。

（2）地表水可能的影响带宽度（L）。地表水可能的影响带宽度指示着地表水与地下水具有水力联系的范围。地表水与地下水的水力联系范围越大则对傍河取水越优。

（3）河床层渗透系数（R）。河床层渗透系数指示着地表水与地下水之间的水力联系的强度。河床层渗透系数是决定河水是否能够补给地下水的重要参数，是河水与地下水水力联系强度的重要表征指标。以野外调查的水文地质剖面为准，分析河床以下含水层岩性，查询《水文地质手册》，得到河床岩性渗透系数经验值，取其渗透系数的 0.1 倍作为河床层渗透系数。

3.1.3.4　地下水开采条件

傍河取水适宜性还应考虑到傍河水源地建设的成本问题，钻探工作量、提水设备耗能等问题都将对傍河水源地的建设起到一定的限制。因此地下水开采条件也列入评价指标之中。地下水位埋深（D）越大，钻探工作量越大，提水设备能耗越高；同时，地下水位埋深过大，也可能指示该区处于较高地形或处于地下水降落漏斗区，地下水资源开发利用难度增大、成本升高或效率降低。

3.1.4　傍河水源地适宜性评价指标赋值及权重

采用专家打分法确定傍河取水适宜性评价指标的赋值及权重。通过 Email、电话、研讨会等形式邀请来自科研院所、生产单位和管理部门等多位从事水文地质、环境地质研究工作的专家（职称均为高工、副教授以上）对傍河取水适宜性评价指标进行打分，保证了专家意见的独立性和客观性。权重总分为 10 分，分数越高，代表该指标越重要。经归一化处理，评价指标的具体权重值见表 3.2。评价指标权重按照总和为 1 进行赋值，可以体现指标之间的相对重要程度。

给定的指标权重所体现的相对重要性为：水量、水质、地表水与地下水交互作用强度分别占 30%，地下水开采条件占 10%，合计为 100%。其中，地表水或地下水水质如果等于或劣于国家 V 类标准，则对傍河取水适宜性具有直接的否定性作用。由于具体评价区的自然地理及水文地质条件千差万别，而傍河开采适宜性评价又是一个相对优越性的评价，因此对具体评价指标的评分标准不做硬性规定，根据评价区的实际条件确定。

结合松花江流域的具体情况，给定含水层渗透系数、含水层厚度、多年平均流量、地下水现状水质级别、地表水现状水质级别、水力坡度、地表水可能影响带宽度、河床层渗透系数、地下水位埋深 9 个适宜性指标的评分标准（表 3.3）。

表 3.2 傍河取水适宜性评价指标体系

评价指标			权重 W	指标指示意义	评价方法	评分标准
水量	地下水	含水层渗透系数（K）	0.10	含水层岩性	绘制渗透系数分区图	由各地区根据实际情况进行分级和评分
		含水层厚度（M）	0.10	含水层规模	根据钻孔数据绘制等值线或分区图	
	地表水	多年平均流量（Q）	0.10	地表水的丰富程度	根据控制段面分段评价，结果向河两侧垂直外扩	
水质	地下水	地下水现状水质级别（G）	0.15	地下水水质状况是否适宜饮用	依据取样点数据绘制地下水质量级别分区图	
	地表水	地表水现状水质级别（S）	0.15	地表水水质状况是否适宜饮用	根据控制段面分段评价，结果向河两侧垂直外扩	
地表水与地下水交互作用强度		水力坡度（I）	0.05	地表水与地下水的补排关系，并指示着交互作用带的补排条件	以河水位（H）和沿岸 1km 处的地下水位（h）为基准，计算水力坡度 [$I=(H-h)/1000$]；水力坡度为正值时，表示河水补给地下水；水力坡度为负值时，表示地下水补给河水。计算断面间隔不超过 10km	
		地表水可能影响带宽度（L）	0.15	指示着地表水与地下水具有水力联系的范围	依据水力坡度的计算断面，以开采条件下地下水最小水力坡度等于天然水力坡度值为假设条件，将河流水位以下的断面含水层厚度（M）除以该断面的天然水力坡度（I），定义为地表水可能的影响带范围（L），即 L＝M/I 是开采条件下的地表水最大影响范围	
		河床层渗透系数（R）	0.10	指示着地表水与地下水之间水力联系的强度	①通过野外试验或相关计算获取河床层渗透系数；②以水力坡度的计算断面为准，分析河床以下含水层岩性，取其渗透系数的 0.1 倍作为河床层渗透系数	
地下水开采条件		地下水位埋深（D）	0.10	间接指示着傍河水源地建设的成本	利用地下水长期动态监测数据，以现状年平均地下水位埋藏深度为准，绘制埋深等值线图或分区图	

表 3.3 傍河取水适宜性评价指标评分标准

评价指标			权重	评分标准		备　　注
水量	地下水	含水层渗透系数（K）	0.10	>100m/d	100	含水层渗透性越大越优，水力传导能力越强
				100~50m/d	90	
				50~20m/d	80	
				20~5m/d	70	
				5~1m/d	60	
				1~0.1m/d	30	
				<0.1m/d	0	
		含水层厚度（M）	0.10	>50m	100	厚度越大越优，厚度过小则不利于建设集中供水水源地
				30~50m	90	
				10~30m	80	
				5~10m	70	
				3~5m	60	
				1~3m	30	
				<1m	0	
	地表水	多年平均流量（Q）	0.10	250 亿~100 亿 m^3/a	100	多年平均径流量越大，地表水向地下水补给的潜力就越大
				100 亿~40 亿 m^3/a	90	
				40 亿~10 亿 m^3/a	80	
				10 亿~5 亿 m^3/a	70	
				5 亿~1 亿 m^3/a	60	
				1 亿~0.1 亿 m^3/a	30	
				<0.1 亿 m^3/a	0	
水质	地下水	现状水质级别（G）	0.15	Ⅰ级	100	Ⅰ、Ⅱ、Ⅲ级水作为可饮用水，赋分值较高；Ⅳ级水必须经过处理，赋及格分数；Ⅴ级水是傍河取水适宜性的否定性因素，赋负数，无论地表水或地下水水质一旦达到Ⅴ级，则总体适宜性指数必然低于 60 分，当其他指标得分不高时，适宜性指数甚至可以出现负分
				Ⅱ级	95	
				Ⅲ级	90	
				Ⅳ级	60	
				Ⅴ级	-275	
	地表水	现状水质级别（S）	0.15	Ⅰ级	100	
				Ⅱ级	95	
				Ⅲ级	90	
				Ⅳ级	60	
				Ⅴ级	-275	

续表

评价指标		权重	评分标准		备　注
地表水与地下水交互作用强度	水力坡度（I）	0.05	>10‰	40	水力坡度为正表示河水补给地下水，傍河取水条件相对优越；水力坡度为负表示地下水补给河水，现状条件下袭夺河水的能力相对较弱，但仍具有袭夺潜力，过小的水力坡度负值可能指示地下水对地表水的补给不畅
			10‰～5‰	80	
			5‰～0	100	
			−5‰～0	90	
			−5‰～−10‰	80	
			<−10‰	60	
	地表水可能的影响带宽度（L）	0.15	<0.1L	40	最靠近河流的部分，虽然水量补给潜力较大，但水质易受污染；越远离河的部分虽然河水水质的影响越小，但补给潜力也相对变小，当距离超过推测值时，地表水对地下水的补给潜力迅速减小。这样的赋值规则既考虑了水质的影响也考虑了水量的影响
			0.1～0.2L	85	
			0.2～0.5L	100	
			0.5～0.8L	80	
			0.8～1.0L	60	
			1.0～1.2L	30	
			>1.2L	0	
	河床层渗透系数（R）	0.10	>5m/d	100	河床层渗透系数是决定河水是否能够补给地下水的重要参数，是河水与地下水水力联系强度的重要表征指标
			1～5m/d	90	
			0.5～1m/d	80	
			0.1～0.5m/d	70	
			0.05～0.1m/d	60	
			0.01～0.05m/d	30	
			<0.01m/d	0	
地下水开采条件	地下水位埋深（D）	0.10	<5m	100	地下水位埋深越大，钻探工作量越大，提水设备能耗越高；同时，地下资源开地下水 水位埋深过大，也可能指示该区处于较高地形或处于地下水位降落漏斗区，地下水资源开发利用难度增大、成本升高或效率降低
			5～10m	90	
			10～15m	80	
			15～20m	70	
			20～25m	60	
			25～30m	30	
			>30m	15	

3.2　傍河水源地适宜性评价方法

采用多元统计分析方法、数学模型技术开展傍河水源地适宜性评价与填图，确定傍河水源地适宜地段（戴长雷等，2005；Russo et al.，2015；Uribe，2015），也可以建立指标体系，采用层次分析法进行傍河取水适宜性评价（Lee and Lee，2012）。针对呼兰河流域的实际情况，在傍河取水适宜性指标的基础上，通过傍河取水适宜性指数与分级结果，获得傍河取水适宜地段。

3.2.1　傍河水源地适宜性指数

针对傍河取水适宜性评价的 9 个具体指标，提出傍河取水的适宜性指数（翟远征等，2015；Wang et al.，2016）：

$$A = X_K W_K + X_M W_M + X_Q W_Q + X_C W_C + X_S W_S +$$

$$X_I W_I + X_L W_L + X_R W_R + X_D W_D$$

$$(3.1)$$

式中　A——傍河取水适宜性指数；

　　　X——相应指标的分数；

　　　W——相应指标的权重。

根据傍河取水适宜性指数值，将傍河取水适宜性划分为五个等级（表 3.4）。傍河取水适宜性等级为 Ⅰ ～ Ⅲ 级的区域：水质满足生活饮用水要求，不需要额外处理；水量补给充足；地表水与地下水之间水力联系密切，傍河取水在水量和水质方面可靠保证，地下水开采条件适宜，可作为傍河取水的适宜地区。傍河取水适宜性等级为 Ⅳ 级的区域：水质不宜直接饮用，或者水量补给条件相对较差的地区，但经过水质处理、限量开采等措施后，可以建设傍河水源地。而傍河取水适宜性等级为 Ⅴ 级的区域：或是水质差、处理难度大、处理成本高；或是水量补给不足，难以持续开采，均不宜进行傍河取水。

表 3.4　　　　　　　　　　　　　　傍河取水适宜性等级分区

适宜性指数	等级	适宜性评价	适 宜 性 说 明
90～100 分	Ⅰ 级	优等适宜区	水质满足生活饮用水要求，不需要额外处理；水量补给充足；地表水与地下水之间水力联系密切，傍河取水在水量和水质方面可靠保证，地下水开采条件适宜，可作为傍河取水的适宜地区
80～89 分	Ⅱ 级	良好适宜区	
70～79 分	Ⅲ 级	中等适宜区	
60～69 分	Ⅳ 级	较差适宜区	水质不宜直接饮用或者水量补给条件相对较差地区，但经过水质处理、限量开采等措施后，可以建设傍河水源地
＜60 分	Ⅴ 级	不适宜区	水质差、处理难度大、处理成本高；水量补给不足，难以持续开采；不宜进行傍河取水

3.2.2　傍河水源地适宜性分区方法

ArcGIS 具有强大的数据编辑、数据管理、地理编码、数据转换、投影变换、地理分析、元数据管理、空间分析、叠加运算分析等功能。将 ArcGIS 应用到傍河取水可行区域适宜性评价中，可实现数据库的随时修改与更新及分析结果的可视化，提高评价结果的正确性与评价效率（翟远征等，2015；关鑫等，2017）。傍河取水适宜性评价成果图需求见

表 3.5。

表 3.5	傍河取水适宜性评价成果图（GIS）需求
傍河取水适宜性评价成果图需求分类	傍河取水适宜性评价所需图件
傍河水源地的初步筛选排他性指标分区图	土地利用类型分区图
	自然地理条件评分分区图
	土地利用类型评分分区图
	傍河水源地初步筛选结果分区图
傍河取水适宜性评价不同评价指标分区图	含水层渗透系数评分分区图
	含水层厚度评分分区图
	断面径流量评分分区图
	地下水水质评分分区图
	地表水水质评分分区图
	水力坡度评分分区图
	地表水可能的影响带宽度评分分区图
	河床渗透系数评分分区图
	地下水位埋深等值线图及评分分区图
适宜性评价综合结果图	傍河取水适宜性评价结果分区图

3.3 呼兰河流域傍河水源地适宜性评价技术应用

通过评价呼兰河流域傍河取水适宜性，划分了呼兰河流域傍河取水适宜性区域，为当地沿岸傍河水源地选址提供依据。

3.3.1 呼兰河流域傍河水源地的初筛评价

分析评价呼兰河流域的自然地理条件，河水与地下水的水力联系程度，土地/环境功能现状及其区划的可行性，初步筛选出具有傍河取水可能性的大致区域，为进一步的傍河取水适宜性评价工作缩小范围。

按照傍河水源地初步筛选的评价流程，基于呼兰河两岸 10km 的考察范围，对自然地理条件按照平原区和非平原区进行赋值评价，如图 3.2 所示。考察河流与地下水的水力联系，有水力联系的区域为适宜区域（赋值为 0），无水力联系的区域为非适宜区域（赋值为 1），影响范围如图 3.3 所示。在此基础上，按 2012 年土地利用类型图进行傍河取水适宜性所需的土地利用类型适宜性评价；依据土地/环境可行性的要求，对不同土地利用类型进行重分类，把水、稀树草原、草原、永久湿地、冰雪

31

划分为不适宜区，赋值为 1，其他为适宜区，赋值为 0，呼兰河流域土地利用类型赋值结果如图 3.4 所示。

图 3.2　研究区自然地理条件　　　　图 3.3　呼兰河流域傍河取水考察区及河水影响范围

将上述指标的分区图进行叠加，得到傍河水源地的初步筛选结果，其中适宜作为傍河水源地建设的区域赋值为 0，不适宜作为傍河水源地的区域赋值为 1，初步筛选结果如图 3.5 所示。

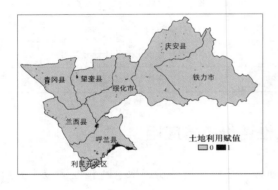

图 3.4　呼兰河流域土地利用类型赋值结果　　　图 3.5　呼兰河流域傍河水源地初步筛选结果

3.3.2　呼兰河流域傍河水源地适宜性精细评价

按照水量、水质、地表水与地下水的交互作用强度以及地下水开采条件的 4 大类 9 个指标的权重及评分标准依据（表 3.2 和表 3.3）来进行计算。

3.3.2.1　水量适宜性评价

对含水层渗透系数、含水层厚度、河流多年平均流量进行计算。含水层渗透系数、含水层厚度数据主要来源于研究区内已有水文地质图及其说明书、区内钻孔资料、水源地供水水文地质勘探报告、地下水开发利用规划等资料，河流多年平均流量数据主要来源于研究区内水文年鉴数据、部分水文站的监测数据。含水层渗透系数评价分区图、含水层厚度评价分区、多年平均径流量评价分区分别如图 3.6～图 3.8 所示。

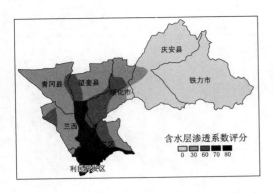

图 3.6　含水层渗透系数评价分区图

图 3.7　含水层厚度评价分区图

3.3.2.2　水质适宜性评价

1. 地下水现状水质

由于近年来工农业生产不断发展和城乡建设的不断扩大，三废排放增多，农业化肥、农药施用增大，垃圾、污水渗坑渗井的不合理排放，在污染地表水的同时也对地下水造成不同程度污染，特别是肇兰新河沿岸的地下水已难达到饮用水和灌溉水的使用标准。

该区域地下水物理性质为无色、无嗅、透明、略具铁腥味，水温 7℃ 左右。

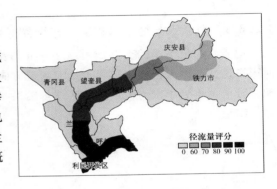

图 3.8　多年平均径流量评价分区图

主要水化学离子中，重碳酸根含量 154～541mg/L，硫酸根含量 21～360mg/L，氯化物含量 4～70mg/L，钙含量 42～220mg/L，Na、Mg 含量分别为 16～116mg/L 和 4～51mg/L，水化学类型以重碳酸-钙型为主，其次为重碳酸-镁钙型水，重碳酸-钙镁型水及重碳酸-钙钠型水，矿化度为 0.457～1.335g/L，pH 值为 6～8，总硬度小于 516mg/L，耗氧量为 1.44～10.68mg/L，铁锰含量较高。根据区内已有地下水水质资料和实际取样测试获得的数据，在 Arcgis 中进行差值分析，然后按照表 3.3 中地下水水质分级评分标准对区内地下水水质进行评分，地下水现状水质评价分区如图 3.9 所示。

2. 地表水现状水质

依据《黑龙江省地表水功能区标准》（DB 23/T740—2003），一级功能区松花江流域呼兰河由桃山镇入松花江河口为呼兰区开发利用区，水质标准为Ⅲ～Ⅳ类。二级功能区松花江流域呼兰河由金河村至富强村为兰西县、哈尔滨市呼兰区农业用水、饮用水源区，水质标准为Ⅲ～Ⅳ类；呼兰河由呼兰河铁路桥入松花江河口为呼兰区过渡区，水质标准为Ⅳ类。根据区内呼兰河和松花江的水质资料，按照《地表水环境质量标准》（GB 3838—2002）对地表水进行评价，根据表 3.3 中的分级评分原则，绘制区内地表水现状水质评分结果图，如图 3.10 所示。

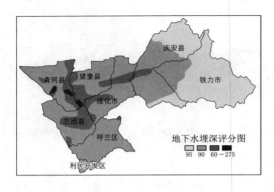

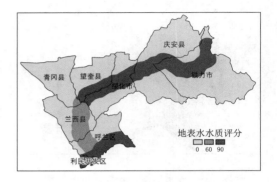

图 3.9 地下水现状水质评价分区图　　　　　图 3.10 地表水现状水质评价分区图

3.3.2.3 地表水与地下水的交互作用强度

地表水与地下水的交互作用强度评价主要考察水力坡度、地表水可能的影响带宽度和河床渗透性。按照评价指标要求，沿河流方向每隔 10km 范围，按表 3.2 和表 3.3 的权重和评分依据得到了水力坡度的分区评价结果（图 3.11）、地表水可能的影响带宽度的分区评价结果（图 3.12）。

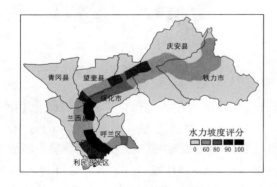

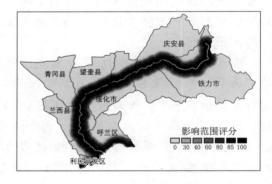

图 3.11 水力坡度评价分区图　　　　　图 3.12 地表水可能的影响带宽度评价分区图

由于河床渗透系数较难获得，研究中根据实际测定的呼兰河流域部分区段的河床渗透系数进行评价，如图 3.13 所示。

3.3.2.4 地下水开采条件

地下水开采条件优劣由地下水水位埋深反映，根据研究区已有的地下水位埋深资料和实际调查与测量数据，插值水位埋深图如图 3.14 所示。

3.3.3 呼兰河流域傍河水源地适宜性评价结果

根据所建立的评价指标体系，计算傍河取水的适宜性指数；根据公式，将多种评价指标评价值叠加，得出研究区内适宜性评价分值如图 3.15 所示。

图 3.13　河床渗透系数评价分区图

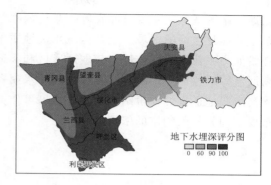

图 3.14　地下水位埋深评价分区图

将适宜性初步评价结果与精细评价结果进行叠加计算，然后根据傍河取水适宜性指数值（表 3.4），将评价区域傍河取水适宜性划分为五个等级。根据等级分区标准，将适宜性评价值分区进行重分类，得到研究区适宜性等级分区如图 3.16 所示。

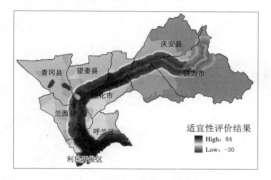

图 3.15　研究区适宜性评价分值图

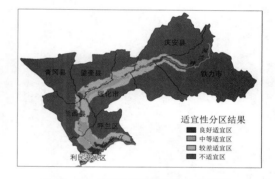

图 3.16　研究区适宜性等级分区图

根据研究区适宜性的最终结果，对该结果在 ArcGIS 平台上进行统计分析，得出各不同等级适宜区统计表，见表 3.6。

表 3.6　　　　　　　　　　水源地适宜性评价结果分析统计表

等级	适宜性	面积/km²	占研究区总面积百分比/%
Ⅰ	优等适宜区	0	0
Ⅱ	良好适宜区	371	1.45
Ⅲ	中等适宜区	1174	4.67
Ⅳ	较弱适宜区	2668	10.63
Ⅴ	不适宜区	20874	83.25

结合图 3.16 和表 3.6 的统计结果，总体而言，呼兰河流域适宜建立傍河水源地的区域占整个流域的 16.75%。其中，相对而言最适合建立傍河水源地的"良好适宜区"主要分布在呼兰河与松花江交汇处，主要因为该处属于典型河口三角洲地貌类型，这为区内傍河水源地的建设提供了有利的地形、地质条件；且研究区内地势平坦，第四系松散堆积物分布广泛，含水层厚度较大；同时该处地下水与河水联系紧密，是傍河水源地建设的理想

之地。中等适宜区主要分布在呼兰县境内呼兰河上游段、兰西县境内呼兰河下游段以及望奎县紧靠呼兰河的区域，上述区域水文地质条件与良好适宜区类似，但是河水对地下水的补给能力不及良好适宜区。较弱适宜区和不适宜区主要分布在兰西县、绥化市、望奎县远离河流等呼兰河中上游地区，区内地下水赋存条件及地下水与河水联系相对较弱。因此，傍河水源地适宜性评价结果中的适宜区可作为水源地建设的活动区，也是未来水源地井位布设范围和界限划定的依据。

第4章 傍河水源地优化布井技术

　　傍河取水方案合理性对环境有着直接影响。过量抽取地下水，将产生土层压密、地面沉降、河道发生淤塞、地下水与河水脱节现象以及河水对地下水水质污染等不良影响（戴长雷等，2005；关鑫等，2017）。同时地下水位的下降，包气带厚度增加，增长了入渗污染物质的净化过程，对地下水水质天然净化具有一定意义（Hu et al.，2016）。因此在水源地建设的适宜区，取水方案设计时需要结合实际场地进行深入研究，且由此需要进一步优化傍河水源地井群的傍河距离、空间分布、建井深度、取水量等技术指标，确定建井技术，尽可能地确定既能有效激发河流补给量、又能避免产生环境地质条件恶化的地下水允许开采量，对傍河取水的工程设计具有重要的指导意义。

4.1　傍河水源地优化布井方法

　　为了更好地建设典型傍河水源地，充分做好水源地水量和水质的双重保障，基于呼兰河流域傍河取水适宜性评价的结果，进一步开展傍河水源地的优化布井工作尤为重要。本章围绕规划开采量、单井涌水量等要素，采用优化布井的相关方法，基于水流以及溶质运移模型，在满足供水量需求、供水水质要求、降深约束等约束条件下对傍河水源地开采井个数、布置形式、井间距等因素进行优化，以实现傍河水源地开采井的优化布置。

4.1.1　常规布井方式

4.1.1.1　平均布井法

　　地下水流场特征及水资源储量组成形式决定着水源地开采井的平面布局。在地下径流条件良好的地区，为充分拦截地下径流，水井应布置成垂直地下水流向的并排形式，视地下径流量的大小，可布置一个或几个并排。在以大气降水或河流季节补给为主、纵向坡度很缓的河谷潜水区，其开采井应沿着河谷方向布置，视河谷宽度布置一到数个并排。集中供水水源地建设中比较常用平均布井法包括：矩形布井、三角形布井、梅花形布井。

4.1.1.2　井数和井间距离的确定

　　开采井的供水总量必须满足设计需水量，本着技术上合理、经济上安全的原则确定水井（井组）的数量与井间距离。取水地段范围确定之后，井数主要决定于该地段的允许开采量或设计总需水量和井间距离，以及单井出水量的大小。

4.1.1.3　开采井个数

根据研究区的规划开采量、单井涌水量及平均布井条件下开采井群干扰系数等三个指标确定开采井个数：

$$N = \frac{Q_p}{(1-\alpha)q_i} \tag{4.1}$$

式中　q_i——单井涌水量，m³/d；

Q_p——规划开采量，m³/d；

N——开采井个数；

α——井群干扰系数。

4.1.1.4　井间距离

集中式供水水井的井间距确定，一般采用解析法井流公式计算，通常状况下井间干扰强度即井群干扰系数需保证在 20%～25% 之间，取干扰系数为 25% 条件下开采井的井间距离作为水源井初步布设井间距，将傍河水源地潜水含水层中井确定 $r\text{-}a$ 曲线用到的计算公式列出：

（1）在仿泰斯公式的基础上，采用映射迭加原理，得到 i 井以定流量 Q 单独抽水时，f 时刻在距 i 井 r_m 处的降深，$s'(r,t)$ 为修正降深，计算公式为

$$s'(r,\ t) = -\frac{Q}{4\pi K h_{cp}} [W(u) - W(u)] \tag{4.2}$$

$$s'(r,\ t) = s(r,\ t) - \frac{s^2(r,\ t)}{2H} \tag{4.3}$$

$$\mu = \frac{\mu r^2}{4\pi K h_{cp} t} \tag{4.4}$$

$$\mu' = \frac{\mu r^2}{4\pi K h_{cp} t} \tag{4.5}$$

式中　$s(r,\ t)$——f 时刻距 i 井 r_m 处的水位降深，m；

H——潜水含水层的厚度，m；

K——潜水含水层的渗透系数，m/d；

h_{cp}——t 时刻降落漏斗范围内潜水含水层的平均厚度，m，$h_{cp} = H - \frac{s(r_w,\ t)}{2}$；

r_w——抽水井半径，m；

r——计算点到 i 井的距离，m。

（2）在仿泰斯公式的基础上，采用映射迭加原理，得到并排以不同的定流量抽水时，t 时刻任一点处的降深，计算公式为

$$s'(t) = \sum_{t=1}^{n} \frac{Q}{4\pi K h_{cp}} [W(u_i) - W(u'_i)] \tag{4.6}$$

利用式（4.1）～式（4.6）计算时，首先利用式（4.1）～式（4.4）计算第 i 口井单

独以定流量 Q 抽水时 t 时刻在 i 井 r_w 处的降深值 $s(r_w, t)$，再利用式（4.5）、式（4.6）计算并排的 N 口井各以不等的定流量 Q 抽水，限定 t 时刻各井井壁处均达到 $s(r, t)$ 值时，各井的定流量 Q 值。每改变一次井距离 r_i，则 N 口井均可计算得到各自的 Q_i 值，即 Q_{ij}（$i=1, 2, 3, \cdots, N$; $j=1, 2, 3, \cdots, m$）。

（3）干扰系数计算公式：

$$\alpha = \frac{Q - Q_i}{2H} \tag{4.7}$$

将式（4.6）中计算出的 Q_{ij}（$i=1, 2, 3, \cdots, N$; $j=1, 2, 3, \cdots, m$）及式（4.2）中所取的定流量 Q 代入式（4.7），即可计算出与井间距 r_i 对应的各井的干扰系数 a_{ij}（$i=1, 2, 3, \cdots, N$; $j=1, 2, 3, \cdots, m$）。

（4）据式（4.7）中计算出的 $r_j - a_{ij}$（$i=1, 2, 3, \cdots, N$; $j=1, 2, 3, \cdots, m$）系列数据，绘制出井排中不同井的 $r_i - a_{ij}$ 曲线，并确定其最佳配合点。由于井间距计算过程较为复杂，中间计算数据较为庞杂，宜采用 Fortran 程序来编程计算，以提高计算效率及结果的准确性。

4.1.2 基于 MGO 模块的水源井布设优化方法

4.1.2.1 基本原理

1. 地下水模块优化程序

地下水模块优化程序（modular groundwater optimizer，MGO），是地下水模拟软件 Visual MODFLOW 的内嵌模块，是 MODFLOW 水流模型、MT3DMS 运移模型和优化算法的有机结合，在抽水布置方案的优化设计方面有着广泛的应用。

目标函数、决策变量和状态变量是 MGO 运算的基本组成部分，傍河水源井优化目标函数设定为在满足城市供水条件下水源地建设及水厂原水处理的最低成本；决策变量即建设水源地和水厂抽取原水后对特征污染物进行达标处理所需的费用总和；状态变量即水源井的抽水量和水源井中特征污染物的浓度。

运用 MGO 模块对傍河水源井优化布置的过程可以进行如下描述。首先，根据水源地常规布井法设定一个初始的布井方案，运用 Visual MODFLOW 对地下水运动特征及特征污染物的运移情况进行模拟，得到各水源井的水位、水量、特征污染物浓度等指标的初始值；判断各指标的初始值是否满足约束条件，并评估目标函数；一旦超出约束范围，则惩罚目标函数，通过数学优化算法（遗

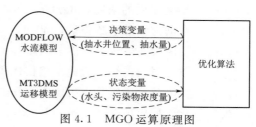

图 4.1 MGO 运算原理图

传算法等）对决策变量进行处理，产生新的决策变量组；新的决策变量组在模拟模型用以计算状态变量的值，依次评价状态变量和目标函数，最终获得最优的决策变量，且能够满足水量、特征污染物浓度等约束条件和成本最低目标函数的要求，MGO 运算原理如图 4.1 所示。

2. 遗传算法

遗传算法（genetic algorithms，GA）是一种在多目标优化领域具有广泛应用的随机搜索算法（random searching algorithm），其原理主要是模仿生物自然选择（natural selection）和自然遗传机制；该方法的优化求解就是一个循环反复计算的过程，具体步骤为遗传编码、适应度计算、选择、交叉、变异、回归适应度计算直到满足条件。该算法之所以会在优化领域广泛应用，主要是该方法具有其他算法所不具备的优势：在对非线性模型的优化过程中，对模型的线性、连续、可微与否不做限制，受到决策变量和约束条件的束缚较少，因此该方法在优化模型最优解的求解过程中具有高效、并行、全局搜索的特点。书中所涉及的地下水优化程序 MGO 正是基于该类算法全局、并行、高效的运算特点，在地下水水质管理中得到广泛应用。将水流和迁移模拟程序与遗传算法相结合，能适应如开采井个数、开采井位置等这一类非线性、不连续的目标函数的优化过程，能够处理水头、梯度、水流以及浓度等约束条件。

3. Visual Modflow 模块下的地下水流场及溶质运移模型

Modflow 水流方程如下：

$$\frac{\partial}{\partial x}\left(k_{xx}\frac{\partial h}{\partial x}\right)+\frac{\partial}{\partial y}\left(k_{yy}\frac{\partial h}{\partial y}\right)+\frac{\partial}{\partial z}\left(k_{zz}\frac{\partial h}{\partial z}\right)+q_s=S_s\frac{\partial h}{\partial t} \tag{4.8}$$

式中　k_{xx}、k_{yy}、k_{zz}——含水层在 x，y，z 三个方向的渗透系数分量；

$\qquad h$——水头，m；

$\qquad q_s$——单位时间流入或流出单位体积含水层的水量，t^{-1}；

$\qquad S_s$——贮水率，L^{-1}；

$\qquad t$——时间，t。

4. MT3DMS 地下水溶质运移方程

$$\frac{\partial(\theta c^K)}{\partial t}=\frac{\partial}{\partial x_i}\left(\theta D_{ij}\frac{\partial c^K}{\partial x_j}\right)-\frac{\partial}{\partial x_i}(\theta \upsilon_i c^K)+q_s c_s^K+\sum R_n \tag{4.9}$$

式中　θ——含水层的孔隙度（无量纲）；

$\qquad c^K$——K 类溶质的浓度，mg/L；

$\qquad D_{ij}$——水动力弥散系数张量，m^2/d；

$\qquad \upsilon_i$——孔隙中实际水流速度，m/d；

$\qquad q_s$——单位时间内流入或流出单位体积的水量，d^{-1}；

$\qquad c_s^K$——源汇项溶质组分 K 的浓度，mg/L；

$\sum R_n$——化学反应项总和，mg/(L·d)。

4.1.2.2　目标函数

基于 MGO 的优化过程即对目标函数 J 的最值 max（J）、min（J）的求解过程，其中：

$$J=\alpha_1\sum_{i=1}^{N}y_i+\alpha_2\sum_{i=1}^{N}y_i d_i+\alpha_3\sum_{i=1}^{N}y_i|Q_i|\Delta t_i+\alpha_4\sum_{i=1}^{N}M_i+\alpha_5 Def(Q,h,C) \tag{4.10}$$

约束条件：

$$\sum_{i=1}^{N}y_i \leqslant N_w \tag{4.11}$$

$$Q_i^{\min} \leqslant Q_i \leqslant Q_i^{\max} \quad (i = 1,2,3,\cdots,N) \tag{4.12}$$

$$h_j^{\min} \leqslant h_j \leqslant h_j^{\max} \quad (j = 1,2,3,\cdots,m_h) \tag{4.13}$$

$$h_j^{\text{out}} - h_j^{\text{in}} \geqslant \Delta h_j^{\max} \quad (j = 1,2,3,\cdots,m_g) \tag{4.14}$$

$$C_j^{\min} \leqslant C_j \leqslant C_j^{\max} \quad (j = 1,2,3,\cdots,m_c) \tag{4.15}$$

$$Q = A \sum_{i=I_1}^{I_2} Q_i + B \tag{4.16}$$

式中　　　　　J——目标函数，根据研究目的不同而不同，可以是水源地建设成本、开采井个数、总的开采量、特征污染物的浓度等；

N——总的决策变量的个数；

y_i——某个井 i 是否采用（采用时 $y_i=1$，否则 $y_i=0$）；

d_i——某个井 i 的深度，m；

Q_i——井 i 的抽水量，m^3/d；

Δt_i——井 i 中以 Q_i 流量抽水持续时间，h；

M_i——经由井 i 抽出的污染物的质量，mg；

α_i $(i=1, 2, \cdots, 5)$——各种价格系数；

$Def(Q,h,C)$——价格函数，其自变量为水量、水头和浓度；

N_W——总的允许的井的数目，个；

$Q_i^{\min}$、$Q_i^{\max}$——井 i 中的最大和最小出水量，m^3/d；

$h_j^{\min}$，$h_j^{\max}$——点 j 处水位的最高和最低允许值，m；

$\Delta h_j^{\max}$——点 j 处沿水流运动方向一对结点（h_j^{out}，h_j^{in}）水位变化的最大值，m；

$C_j^{\max}$、$C_j^{\min}$——点 j 处浓度的最高和最低允许值，mg/L；

I_1、I_2——指定水井的编号；

A、B——设定常数；

m_h、m_g、m_c——水位约束点、梯度约束点和浓度约束点的数目。

其中，式（4.10）为目标函数；式（4.11）为傍河水源地井的最大个数；式（4.12）为水源井流量约束；式（4.13）为水力梯度的约束；式（4.14）为水头约束；式（4.15）为特征污染浓度约束；式（4.16）为满足某种需要的水量平衡约束。

4.1.2.3　约束条件

约束条件即限制条件，限定了被约束指标优化过程中的运算范围，是保证优化程序收敛、优化结果真实的必要条件。傍河水源地开采井布设的优化过程中，布井结果的优劣受到多重因素的影响，如单井涌水量、井间距初步设定等的因素将通过相应的函数关系对模拟结果造成一定影响。因此，在模拟优化计算过程中对约束条件的选取和设定必须综合考虑研究区水文地质条件、目标函数等因素。

1. 水位降深约束

根据稳定开采条件下水均衡原理，与水源地建设之前相比，水源地开采会使得原本作为水文地质单元区的边界排泄量有一部分会转化为开采量，开采井所在位置水位会引起一定降深，在水源井周围出现一定程度的地下水降落漏斗；在实际开采过程中，为防止水源地因地下水水位降深过大而引发的如地面沉降、土壤盐渍化等环境地质问题，地下水水位降深必须限定在一定范围内。此外，在模拟优化计算过程中，若出现疏干现象，则会使得程序终止，中断了优化求解过程。因此研究区水位降深最大值 $\max(h_i^{\mathrm{out}} - h_i^{\mathrm{in}})$ 必须要小于含水层厚度 M 的 0.5 倍，以保证模拟优化过程结果的可靠性。

$$0 \leqslant \max\ (h_i^{\mathrm{out}} - h_i^{\mathrm{in}}) \leqslant \frac{M_i}{2},\ (i = 1,\ 2,\ 3,\ \cdots,\ N) \tag{4.17}$$

2. 水质约束

根据不同的供水需求，要求抽出的地下水，其特征污染物的浓度必须满足供水要求。污染物进入地下水系统之后随水流运移过程中会与含水层介质、溶质本身等发生一系列的生物地球化学作用，如吸附解吸、混合稀释等使污染物浓度降低，达到一定程度的净化效果。傍河水源地正是利用了含水层该项特征，在河岸至开采井的这段距离内，使得河水在转化为地下水的过程中得以过滤，从而达到去除污染物的目的。因此，水质约束问题就转化为了特征污染浓度的限定问题。

首先根据《地下水质量标准》（GB/T 14848—93）对区内水质进行单因子评价，根据评价结果遴选出区内特征污染物。利用研究区内特征污染物浓度来表征地下水水质，因此水质约束问题即转化为单井 i 水体中特征污染物浓度 C_i^{max} 的限定问题。

$$0 \leqslant C_i \leqslant C_i^{\mathrm{max}} \tag{4.18}$$

如式（4.18）所示，单井 i 中特征污染物的浓度要小于最大值 C_i^{max}，初取 C_i^{max} 为《地下水质量标准》（GB/T 14848—93）中该特征污染物的Ⅲ类所对应的值。

3. 水量约束

（1）总开采量约束。广泛意义上讲，水量约束是指水源地开采井的总开采量要满足供水对象的需水量，公式如下：

$$\sum_{i=1}^{N} Q_i \geqslant Q_x \quad i = (1, 2, 3, \cdots, N) \tag{4.19}$$

式中　Q_i——开采井 i 的开采量，$\mathrm{m^3/d}$；

　　　Q_x——水源地供水对象的需水总量，$\mathrm{m^3/d}$。

（2）最大单井抽水量。每口井均为开采井，所以单井开采量最小值为 0，单井开采量要小于最大单井出水量 Q_i^{max}。Q_i^{max} 的计算方法分为两种：如果开采井同抽水实验井的井径相同，则取抽水试验单井涌水量作为最大抽水量；如果不相同，则 Q_i^{max} 可用式（4.21）进行计算：

$$Q_i^{\mathrm{max}} = 120\pi r\, l \sqrt[3]{k} \tag{4.20}$$

式中　Q_i^{max}——开采井 i 的最大开采量，$\mathrm{m^3/d}$；

　　　l——过滤器有效部分长度，$\mathrm{m/d}$；

　　　k——渗透系数，$\mathrm{m/d}$；

　　　r——过滤器外边缘半径，m。

综上所述，水量约束条件为

$$\begin{cases} \sum_{i=1}^{N} Q_i \geqslant Q_x \quad (i = 1, 2, 3, \cdots, N) \\ Q_x \leqslant Q_{max} \end{cases}$$　　　　(4.21)

4. 井间距离约束

多个开采井在同时抽水过程中一旦其井间距离达到一定程度就会形成相互干扰的效应，使得单井涌水量减少。根据 4.1.1.4 小节中关于井间距离的计算方法，计算当井群干扰系数为 25% 的条件下，集中布井的井间距离 L_{min} 作为最小井间距。在水源地实地建设过程中考虑到单井间的连通设备、水源井管理、规划水源地面积等因素，水源井的井间距设置不宜过大；因此取水源井单井抽水影响半径 $2r_i$ 作为最大井间距。根据水源地选址结果，在拟建水源地的范围内均匀布置开采井，此时的井间距离作为最大井间距离 L_{max}，如下：

$$\begin{cases} L_{max} \geqslant L \geqslant L_{min} \\ L_{max} = 2r_i \end{cases}$$　　　　(4.22)

式中　L——开采井间距离，m；

　　　L_{max}——最大井间距离，m；

　　　L_{min}——最小井间距离，m。

4.2　利民区傍河水源地优化布井技术应用

4.2.1　开采井初步布置

4.2.1.1　开采井数目初步设定

根据《哈尔滨市市区地下水资源开发利用规划报告》，研究区内 2010—2020 年生活和工业需水量约 $6100 \times 10^4 \, \text{m}^3/\text{a}$，开采地下水可满足需求。十年规划中，预计新增加一个开采量达 $10 \times 10^4 \, \text{m}^3/\text{d}$ 的水源地。结合规划水源地水文地质调查资料，单井出水量根据区内抽水试验成果初步确定为 $5000 \, \text{m}^3/\text{d}$，根据井群干扰系数 $\alpha = 25\%$ 并结合规划开采量计算获得规划水源地开采井数目为 27 口，为保证优化过程中优化算法算子的全面搜索，从而避免局部优化的发生，开采井数初步设定为 30 口。

4.2.1.2　布井方式

首先采用三角形布井方式对 30 口备选井进行平均布置，备选井的布置方式为 5 行 6 列，任意相邻井间距离为 L，行方向垂直于拟建水源地的地下水主方向，行间距为 $\sqrt{3}L/2$，列间距为 L，如图 4.2 所示。

4.2.1.3　井间距离

此次研究选取干扰系数 $\alpha = 0.25$，开采井数

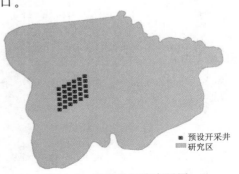

■ 预设开采井
■ 研究区

图 4.2　开采井初步布置图

目 $N=30$，抽水量 $Q=5000\mathrm{m^3/d}$，开采井布置方式为 5 行 6 列，行列间距相等的布井方式。根据 4.1.1.4 小节中开采井井间距计算方法，利用 Fortran 程序计算获得开采井的井间距，在上述给定的已知条件下，井间距离初步设定为 1km。

4.2.2 地下水水流模型与污染物运移模型

4.2.2.1 水文地质概念模型

1. 含水层概化

研究区内地貌类型呈现出由西北到东南高漫滩向低漫滩的变化趋势，地下水类型为高漫滩区孔隙潜水、低漫滩区孔隙潜水类型，高低漫滩区水位埋深为 1.5～6.0m。根据勘探资料，区内主要含水层由全新统下段中粗砂砂砾石层和上更新统顾乡屯组中砂砾石层组成；两个含水层水力联系密切，从而构成了统一的含水岩组。区内第四系白垩系泥岩、泥质砂岩构成第四系含水岩组的隔水底板。

2. 边界条件

研究区位于松花江中游段，北岸为高、低漫滩区，东南侧边界为松花江，东北侧边界为呼兰河，西至大马架、宋家岗，北到对青山、将军屯。

通过松花江水位和岸边观测孔水位资料，发现河水位和井水位呈同步变化趋势，河水和地下水联系密切，因而将研究区东侧、南侧的河流概化为第一类边界。通过已有钻孔地层资料，研究区外围西部、北部与研究区为同一含水岩组，因此将研究区西侧、北侧边界概化为第二类流量边界，如图 4.3 所示。

3. 水文地质参数

(1) 渗透系数。根据勘探孔抽水试验资料，研究区沿江一带因上覆黏土层，其含水层渗透系数相对较低，为 25～50m/d；向西北逐渐增大，含水层渗透系数为 35～70m/d。根据含水层渗透系数，将研究区分为Ⅰ区和Ⅱ区，如图 4.4 所示。

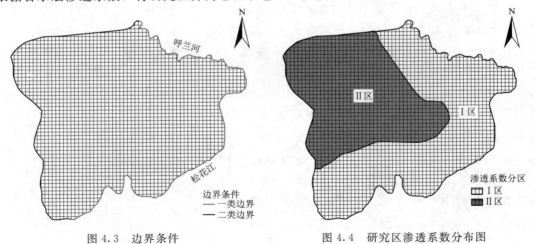

图 4.3 边界条件   图 4.4 研究区渗透系数分布图

(2) 源汇项。依据区内气象水文条件来概化为单元补给强度，大气降水入渗补给由 Recharge 软件包输入模型，蒸发量由 Evapotranspiration 软件包输入模型。哈尔滨市 2014 年大气降水量均值为0.66m，有效降雨量0.62m；蒸发量1.22m，蒸发深度为4.20m（《1984年哈尔滨江北区城市供水水文地质初勘报告》）。各单元补给强度、开采强度见表4.1和表4.2。

表4.1　　　　　　　　　　　　　大气降水补给强度计算表

地貌单元	有效降雨量/m	降雨入渗补给系数	时间/d	大气降水有效补给强度/（m/d）
高漫滩	0.62	0.11	458	1.43×10^{-4}
低漫滩	0.62	0.22	458	2.93×10^{-4}

据调查资料统计，区内目前总体开采量为30167m³/d，其中前进水源地10000m³/d，利民水源地14667m³/d，其他村屯自备井5500m³/d。

表4.2　　　　　　　　　　　　开采强度计算表

区域	开采量/（m³/d）	面积/km²	开采强度/（m/d）
前进水源地 Q_{qk}	10000	21.48	4.65×10^{-4}
利民水源地 Q_{1k}	14667	6.82	2.15×10^{-3}
其他自备井 Q_{tk}	5500	416.00	1.32×10^{-5}

4.2.2.2 地下水水流模型

1. 数学模型

根据概化后的水文地质模型，建立研究区潜水稳定流数学模型。

$$\left.\begin{array}{l}\frac{\partial}{\partial x}\left(T\frac{\partial h}{\partial x}\right)+\frac{\partial}{\partial y}\left(T\frac{\partial h}{\partial y}\right)+\frac{\partial}{\partial z}\left(T\frac{\partial h}{\partial z}\right)+W=E\frac{\partial h}{\partial t}\\ h(x,y,z,0)=h^0(x,y,z)\\ h(x,y,z,0)\mid\Gamma_1=h^1(x,y,z,t)\\ T\frac{\partial h}{\partial x}\mid\Gamma_2=q(x,y,z,t)\end{array}\right\} \tag{4.23}$$

$$W=\varepsilon(x,y,z,t)-\sum Q_L\delta(x-x_L,y-y_L,z-z_L) \tag{4.24}$$

$$T=\left\{\begin{array}{l}T\\K(h-b)\end{array}\right. \tag{4.25}$$

$$E=\left\{\begin{array}{l}\mu^*\\\mu\end{array}\right. \tag{4.26}$$

式中　　　　　　Γ——区域边界：Γ_1为一类边界、Γ_2为二类边界；

$q(x,y,z,t)$——单位宽度补给量，m³/dm；

$\varepsilon(x,y,z,t)$——单元补给强度，m/d；

Q_L——第L口井开采量（$L=1,2,\cdots,\upsilon$），m³/d；

$\delta(x-x_L,y-y_L,z-z_L)$——点（$x_L,y_L,z_L$）处的$\delta$函数；

$h(x,y,z,t)$——区内任一点水头标高，m；

b——含水层底板标高，m。

2. 参数识别与模型验证

将数值模拟研究区含水层概化为一层，在 38500×33241 范围内 124×121×1 个单元，为提高模型精度，网格剖分结果宜尽量使水位观测井、通量边界点划到剖分单元的中心，网格剖分情况如图 4.5 所示。

（1）参数调整。采用正演模型调整参数，经计算得到初始流场 16 个观测点水位实测值与模型计算值的相关系数为 0.90，属高度相关，其中水位计算值与实测值绝对差小于 0.50m 的为 13 个点，占总观测点的 81.22%，监测井水位实测值与计算值误差见表 4.3。调整后的水文地质参数见表 4.4。水流模型校正结果如图 4.6 所示。

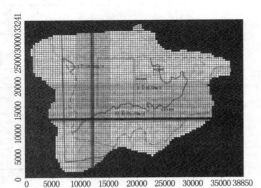

图 4.5　研究区数值模型网格剖分图

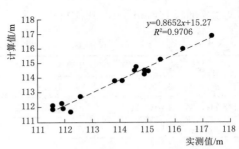

图 4.6　水流模型校正结果

表 4.3　监测井水位实测值与计算值误差表

监测井编号	实测值/m	计算值/m	误差/m	监测井编号	实测值/m	计算值/m	误差/m
OBW1	115.01	114.4842	−0.5258	OBW9	111.91	111.9541	0.0441
OBW2	114.85	114.2425	−0.6075	OBW10	115.48	115.2828	−0.1972
OBW3	111.55	112.1033	0.5533	OBW11	114.54	114.5588	0.0188
OBW4	112.21	111.7285	−0.4815	OBW12	114.87	114.5189	−0.3511
OBW5	111.53	111.9388	0.4088	OBW13	113.81	113.8075	−0.0025
OBW6	111.88	112.2816	0.4016	OBW14	114.56	114.7307	0.1707
OBW7	112.55	112.747	0.1970	OBW15	117.32	116.8839	−0.4361
OBW8	114.05	113.8275	−0.2225	OBW16	116.26	116.0158	−0.2442

表 4.4　调整后的水文地质参数表

分区	I	II	分区	I	II
渗透系数 K/（m/d）	58	45	给水度 S_y	0.24	0.21
储水率 S_s/（1/m）	$2.20×10^{-5}$	$2.01×10^{-5}$	大气降水入渗系数	0.08	0.19

（2）水均衡分析。利用现有资料结合实测数据，采用调参后的地下水流模型进行水均衡分析。

计算结果见表4.5，可知在现状开采量下，地下水总体资源量为115569.5m³/d，流入量与流出量相平衡，其中大气降水入渗补给量96573.28m³/d，一类边界的江水补给量12459.70m³/d，二类边界的侧向径流补给量5251.07m³/d，地下水储存量提供的水量1285.43m³/d。

表4.5　　　　水均衡计算结果表

项目	流入量/（m³/d）	流出量/（m³/d）
储存量	1285.43	8923.60
一类边界	12459.70	4228.00
二类边界	5251.07	7415.87
蒸发量	0	57296.25
大气降水	96573.28	0
现状开采量	0	37708.75
合计	115569.50	115572.50
流入量－流出量		－3
百分比误差		0.00

（3）模拟结果。根据校核后的模型参数，分别对现状补径排条件和布设30口开采井两种情况进行模拟；现状条件下地下水由西北向东南补给，水力坡度相对较缓；新布设开采井之后地下水流场发生了显著的变化，在稳定开采条件下的水源地中心区形成了范围较大的汇水区，即稳定开采条件下，水源地会袭夺部分松花江水以补给含水层。

4.2.2.3　污染物迁移转化模型

1. 污染源概化

本书中，分别于2015年3月、6月、8月、11月共计4次对研究区进行了水文地质勘查，地表水、地下水的采样以及污染源调查等工作。根据黑龙江省环境保护厅发布的《2014年黑龙江省国控重点污染源基本信息》中位于研究区范围内的污染源，结合现场调研，研究区主要污染源分为养殖场、酿酒公司、饲料公司和垃圾处理站等。

根据《地下水质量标准》（GB/T 14848—93）对地下水采样数据进行评价，评价结果显示除铁锰离子因区内特殊地球化学特征原因超标外，部分样品中硝酸根离子含量比其他区域高出多倍；结合采样点所在的位置，发现这些超标点多出现在表中所列出的污染源附近。综上，选取硝酸盐作为该研究区的特征污染物，且各处污染物浓度以取样点检出浓度值为准，该处污染源在模拟过程中可作为定浓度污染源处理。综上，现状开采条件下污染源分布状况如图4.7所示。

2. 数学模型

本次建立起来的溶质运移模型描述的是饱和带过程模拟的二维对流-弥散问题，硝酸盐氮作为特征污染物在地下水系统中会经历一系列的水文地球化学作用过程，这些过程包括对流-弥散、吸附解吸作用和反硝化作用等。根据上述分析结果，硝酸盐氮在地下水系

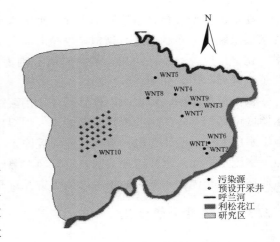

图4.7　研究区内污染源位置分布图

统中的运移模型可以概化为式（4.27）（水流方向同坐标轴方向一致）：

$$\left.\begin{aligned}
\theta R \frac{\partial c}{\partial t} &= \frac{\partial}{\partial x_i}\left(\theta D_{ij}\frac{\partial c}{\partial x_j}\right) - \frac{\partial}{\partial x_i}(q_i c) + q_s c_s - \lambda \theta c - \lambda \rho_b \bar{c} \\
c(x,y,t)\,|_{t=0} &= c_0(x,y) \quad (x,y) \in \Omega \\
-D_{ij}\frac{\partial c}{\partial x_j} + cv\,|_\Gamma &= q(x,y,t)\,c_q \quad t>0, (x,y) \in \Gamma
\end{aligned}\right\} \tag{4.27}$$

式中　θ——含水层的孔隙度（无量纲）；

$\quad\quad R$——延迟因子；

$\quad\quad t$——时间；

$\quad\quad \Gamma$——柯西边界；

$\quad\quad \Omega$——模拟渗流区；

$\quad\quad c$——溶液中硝酸盐氮浓度值，mg/L；

$\quad\quad \bar{c}$——溶质组分的浓度，mg/L；

$\quad\quad D_{ij}$——水动力弥散系数张量，m^2/d；

$\quad\quad v$——孔隙中实际水流速度，m/d；

$\quad\quad q_s$——单位时间从单位体积含水层流入或流出的水量，d^{-1}；

$\quad\quad c_0$——初始溶质浓度，mg/L；

$\quad\quad c_s$——源汇项溶质的浓度，mg/L；

$\quad\quad c_q$——边界流量所对应的溶质的浓度，mg/L。

3. 模拟结果

在水流模型校核合格的基础上建立地下水溶质运移模型，运行 MT3DMS 对硝酸盐在含水层系统中分布状况进行模拟，模拟时间为 20a；考虑溶质运移过程中对流、弥散、吸附、化学反应等一系列作用，输出时间分别为 100d、5a、10a、20a 4 个时间点的硝酸根离子浓度分布图，如图 4.8 所示。

根据模拟结果，随着时间推移研究区硝酸根离子影响范围逐渐增大，且在第 5 年位于水源区南部饲料厂的硝酸根离子开始进入到拟建水源区，且硝酸根离子运移方向为刚进入地下水中沿井群的北西向；进入到井群后即 15a 之后运移方向转为井群的长轴北东向。从地下水流场可知河水补给地下水，且流经水源区南部污染源并携带污染物进入到井群中，因此在水源井优化布置时必须考虑该污染源对开采井的影响。

4.2.3　开采井个数优化

4.2.3.1　目标函数

以水源开采井数目 N 最小作为优化目标，并将水源地在稳定开采过程中的供水水质、供水量、水位降深等作为约束条件，目标函数为

$$J = \min \sum_i^N y_i \quad (i=1,2,3,\cdots,N) \tag{4.28}$$

式中　y_i——水源地备选井 i 在稳定开采条件下的开启或关闭，若开采井开启则 $y_i=1$，
　　　　　否则 $y_i=0$；

　　　　N——开采井数目。

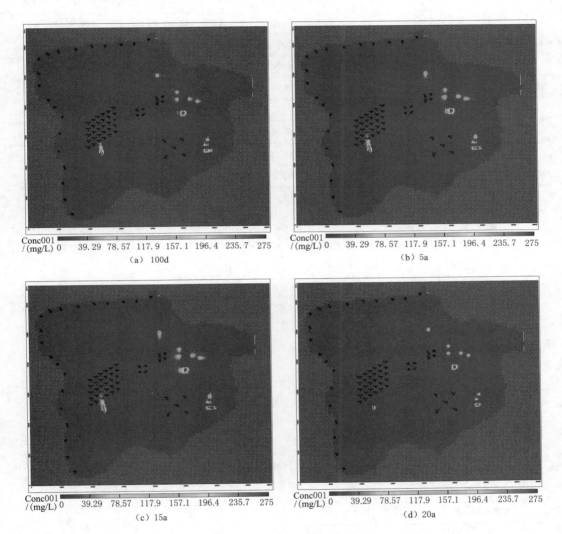

图 4.8　拟建水源地稳定开采时研究区硝酸根离子污染晕

4.2.3.2　约束条件

1. 降深约束

结合前文中关于降深约束的计算方法，即水源地稳定开采条件下，地下水水位降深最大值必须要小于该处含水层厚度的 0.5 倍。首先，根据研究区现状开采条件的数值模拟模型对拟定开采井 i 所在位置的水头值 h_i^0 进行求解。然后根据拟定开采井位置及含水层厚度数据，按照式（4.17）计算获取降深约束条件。综上所述，降深约束条件的统计结果见表4.6，结合 MGO 优化模型中关于降深约束的设定方法，将井位点降深约束转化为水头 h_i

的限值来表征，即 $h_i{}^{\min} \leqslant h_i \leqslant h_i{}^0$。

表 4.6 降深约束条件统计表（SUM 开采井编号）

I	SUM_1	SUM_2	SUM_3	SUM_4	SUM_5	SUM_6	SUM_7	SUM_8	SUM_{30}	SUM_{10}
$h_i{}^0$	114.49	114.5	114.5	114.55	114.55	114.82	114.83	114.84	114.83	114.75
$h_i{}^{\min}$	93.83	93.52	94.07	94.39	94.1	93.88	94.4	96.24	95.73	94.96
I	SUM_{11}	SUM_{12}	SUM_{13}	SUM_{14}	SUM_{15}	SUM_{16}	SUM_{17}	SUM_{18}	SUM_{19}	SUM_{20}
$h_i{}^0$	115.07	115.1	115.1	115.1	115.04	115.32	115.35	115.37	115.33	115.22
$h_i{}^{\min}$	95.25	94.37	94.85	96.54	97	96.35	96.09	97.63	98.38	97.88
I	SUM_{21}	SUM_{22}	SUM_{23}	SUM_{24}	SUM_{25}	SUM_{26}	SUM_{31}	SUM_{32}	SUM_{33}	SUM_{35}
$h_i{}^0$	114.97	115.1	115.1	115.05	115.59	115.53	115.55	115.47	115.28	115.01
$h_i{}^{\min}$	95.55	94.17	94.58	95.44	96.25	95.53	97.10	97.56	95.37	96.89

2. 水量约束

根据研究区的水文地质勘查报告，则取抽水实验单井涌水量作为开采井的最大抽水量 $Q_{\max}$，规划水源地抽水试验单井涌水量为 $6895 \mathrm{m}^3/\mathrm{d}$，则 $Q_{\max} = 6895 \mathrm{m}^3/\mathrm{d}$；且水源地总的供水量至少需达到规划开采量，即 $\sum_{i=1}^{N} Q_i \geqslant 10 \times 10^4 \mathrm{m}^3/\mathrm{d}$。

3. 井间距约束

井间距约束在于确定抽水井之间的最小距离，取井群干扰系数为 25％时集中布井井间距的关系，根据表 4.7 中的相关参数运用 Fortran 程序编程计算求解开采井之间的最小距离，$L_{\min} = 200\mathrm{m}$。

表 4.7 开采井间距计算相关参数表

参数类型	参数值
干扰系数 $\alpha/\%$	25
开采井数 N	30
单井开采量 $Q_i/(\mathrm{m}^3/\mathrm{d})$	5000
管井类型	完整井
井群布置方法	5 行 6 列

规划水源地开采目标层为潜水含水层，根据库萨金经验公式：

$$r = 2S\sqrt{HK} \qquad (4.29)$$

式中 r——影响半径，m；

S——抽水孔水位下降值，m；

H——抽水前潜水层厚度，m；

K——含水层渗透系数，m/d。

根据上述公式，计算获得 $r = 732\mathrm{m}$，则 $L_{\max} = 2r = 1465\mathrm{m}$。综上，$200\mathrm{m} \leqslant L \leqslant 1464\mathrm{m}$。

4. 水质约束

水质约束是指开采井中特征污染物的浓度必须要小于某一限值。前文此处特征污染物即硝酸盐，水源地选址要求中关于傍河水源地建设地下水质量的要求，根据《地下水质量标准》（GB/T 14848—93）中Ⅲ类水的要求则 $C_{\max} = 20\mathrm{mg/L}$。综上，$0 \leqslant C_i \leqslant 20\mathrm{mg/L}$。

4.2.3.3 模拟结果

1. MGO 优化模型参数设定

在优化模拟过程中，需要对该优化模型解法选项中的参数进行设定，主要包括最大迭代次数（Maxlter），正向模拟个数（NSimPerlter）等。优化模型的运行效率及优化结果的可靠程度与参数设定有直接关系，如果模型参数设置不合理，会使优化过程耗费大量时间，并且影响优化结果可靠性。因此在参数设定这一部分采取多次试运行的方法对相应参数进行甄别筛选，见表4.8。

2. 优化计算结果

根据前文中建立的水流模型及溶质运移模型，在 Visual Modflow 中调用 MGO 模块，在优化模块中设定约束条件及目标函数等参数，对开采井个数进行优化分析，优化结果见表4.9。

表 4.8   MGO 优化模型参数表

参　　数	数值
最大迭代次数（Maxlter）	22
正向模拟个数（NSimPerlter）	1000
总迭代	100

根据表中列出的优化结果，统计可得在本次目标函数下最优的开采井个数为 19 口，开采总量满足规划开采量要求，此外水位降深、单井开采量、开采井中污染物浓度等参数均满足约束条件要求，说明该次模拟结果可靠。根据优化结果，对模型进行调整，重新运行模型获得开采井数优化后稳定开采条件下研究区地下水流场及污染晕分布状态，如图 4.9 和图 4.10 所示。

表 4.9 　　　　　　　　　　　　　　**优化布井方法开采井个数优化结果**

开采井编号	开采量/ (m³/d)	max (C_i) / (mg/L)	max ($h_i^{in} - h_i^{out}$) (m)	$\sum Q_i$ / (m³/d)
SUM_0	5863			
SUM_1	0			
SUM_{10}	5412			
SUM_{11}	0			
SUM_{12}	0			
SUM_{13}	6189			
SUM_{14}	4560			
SUM_{15}	6189			
SUM_{16}	5552			
SUM_{17}	0			
SUM_{18}	0			
SUM_{19}	5212			
SUM_2	0			
SUM_{20}	0			
SUM_{21}	6189			
SUM_{22}	0	max (C_i) =18.09<20	max ($h_i^{in} - h_i^{out}$) =12	$\sum Q_i$ =105779＞ 1×10⁵
SUM_{23}	5537			
SUM_{24}	3983			
SUM_{25}	0			
SUM_{26}	4235			
SUM_3	0			
SUM_{30}	6189			
SUM_{31}	5537			
SUM_{32}	4886			
SUM_{33}	4886			
SUM_{34}	5863			
SUM_{35}	5537			
SUM_5	0			
SUM_6	3954			
SUM_7	5863			
SUM_8	4143			

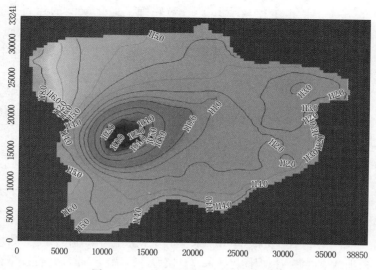

图 4.9　开采井数优化后地下水流场

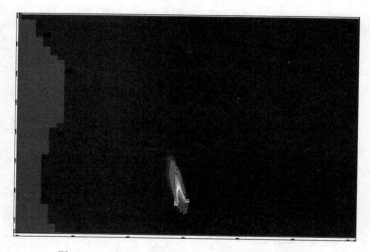

图 4.10　开采井数优化后 20a 硝酸根离子污染晕

4.2.4　布井方式优化

4.2.4.1　目标函数

在开采井数目 N 确定，水源地位置确定的情况下，因受布井方式不同而具有较强敏感度的参数主要为稳定开采条件下地下水降深。因此，在优化布井方式时固定地下水降深，求解水源地在固定降深范围内开采量的最大值，并且以最大开采量作为布井方式优劣的依据。综上，目标函数可表示为

$$J = \max \sum_{i}^{N} Q_i (i = 1, 2, 3, \cdots, N) \tag{4.30}$$

式中　Q_i——水源地开采井 i 在稳定开采条件下的开采量；

N——开采井数目。

约束条件为：开采井水质约束、水量约束作为约束条件，水源地开采井数目 $N=19$，井间距离 L 同一选定为 1km。

4.2.4.2 布井方法

1. 矩形布井法

首先采用矩形布井方式对 18 口备选井进行布置，备选井的布置方式为 3 行 6 列，行方向垂直于拟建水源地地下水主方向，行列方向相邻开采井井间距离为 1km，如图 4.11 所示。

2. 梅花形布井法

采用矩形布井方式对 36 口备选井进行布置，备选井的布置方式为 3 行 7 列，行或列方向垂直于的拟建水源地地下水主方向，井间距离为 1km，行间距为 $\sqrt{3}/2$km，如图 4.12 所示。

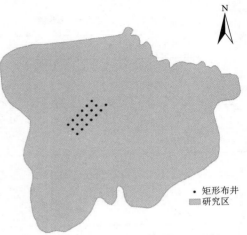

图 4.11　水源地开采井矩形法布井图

3. 三角形布井法

采用三角形布井法能够使得两任意相邻备选井距离相等，在水源地规划区以垂直于地下水流动方向布置 3 排，每排开采井数据为 7 列，井间距为 1km，行间距为 $\sqrt{3}/2$km，列间距为 0.5km，如图 4.13 所示。

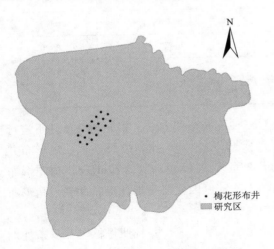

图 4.12　水源地开采井梅花形法布井图

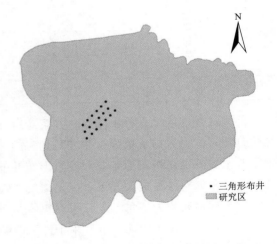

图 4.13　水源地开采井三角形法布井图

4.2.4.3 优化结果

在水源地位置不变，开采井个数相同，井间距离相同的条件下，三种不同布井方式所对应最大开采量的运算结果，见表 4.10。

表 4.10   三种布井方案的优化计算结果列表

开采井抽水量/ (m³/d)	矩形布井法	梅花形布井法	三角形布井法
BJ0	6879	6213	6151
BJ1	5991	6657	6590
BJ11	4882	6879	6810
BJ12	6657	6657	6590
BJ13	6879	6213	6151
BJ14	5991	5991	5931
BJ15	5991	5991	5931
BJ16	6657	5991	5931
BJ17	4660	4660	5113
BJ18	5326	4882	4833
BJ19	5326	3329	3796
BJ2	5769	6879	6810
BJ3	6879	6879	6810
BJ4	5326	5991	5931
BJ5	6657	6213	6151
BJ6	6213	5548	5493
BJ7	6657	6435	6371
BJ8	6213	6657	6590
BJ9	6879	5326	5273
最大抽水量 m³/d	115832	113391	113256

此次优化选取了三种不同布井方案，通过对三种不同布井方案在相同约束条件下进行优化分析，以最大抽水量为布井方案优劣的评判依据；表 4.10 计算结果显示，矩形布井最大开采量分别比梅花形布井和三角形布井的开采量多 2411m³/d、2776m³/d；梅花形布井法与三角形布井法最大开采量优化结果差别较小，其原因主要是梅花形布井和三角形布井法的基础单元均为三角形，开采过程中井间相互影响。

综上，为了使水源地稳定开采条件下能够满足供水量需求，并且使得稳定开采条件地下水水位降深最小，布井方式宜采用矩形布井法。

4.2.5 井间距优化

4.2.5.1 目标函数

作为开采井布置结果的控制因素之一，井间距对布井结果的影响主要体现在各开采井间井群干扰，对开采井稳定开采过程中造成的水头损失；对于水源地来说，必须加大开采强度才能够满足要求，如此情况会造成地下水水位降深的增大，影响水源地的稳定。

综上，以水源地最大开采量作为优化目标，以及稳定开采过程既能够满足供水水质、供水量等约束条件，水源地开采井数目为 N 的目标函数为

$$J = \max \sum_{i}^{N} Q_i \quad (i = 1, 2, 3, \cdots, N) \tag{4.31}$$

$$h_j^{\text{out}} - h_j^{\text{in}} \geqslant \Delta h_j^{\max} \quad (j = 1, 2, 3, \cdots, m_g) \tag{4.32}$$

式中 Q_i——水源地开采井 i 在稳定开采条件下的开采量，m^3/d；

　　　　N——开采井数目。

根据优化结果，以定降深条件下最大开采量所对应的井间距作为优化的标准。

4.2.5.2　井间距数值离散

根据前文的计算结果，在考虑井群干扰及单井抽水影响半径的情况下，开采井间距离取值范围为 $200 \sim 1468\text{m}$。以 200m 为步长对井间距进行离散，共得出 7 组离散数据：200m、400m、600m、800m、1000、1200、1400m；由于其中以 1000m 为井间距离的开采井已经运算过，因此分别将其他 6 组数据作为井距，对开采井在一定降深情况下开采井的最大优化开采量进行计算。

4.2.5.3　优化计算结果

模拟优化过程中 MGO 的约束条件参考 4.2.3.2 节进行设定，在水源地位置不变、开采井个数相同、布井方式相同的条件下，7 种不同井间距离所对应最大开采量的运算结果见表 4.11。根据表中运算结果，开采井间距同最大开采量之间的关系如图 4.14 所示。

表 4.11　　　　　　　　　　　不同井距布井的优化计算结果

井间距离/m	200	400	600	800	1000	1200	1400
最大抽水量/（m³/d）	102151	103151	105151	115712	115832	116058	116127

根据图 4.14 分析可知，地下水最大开采量在一定范围内随着井间距的增大而增大，但是在井间距大于 1000m 之后变化趋势减缓，在井距离为 1400m 处最大开采量较 1200m 处的增幅最小；因此，在水源地集中式布井中，井间距的设置需要考虑群井干扰系数，不宜过小；但是，一旦超过某一临界值，井群干扰对开采井的影响会急剧减少，此时在考虑水源地面积及水源地建设设备的前提下，井距设置需要限定在合适范围内。综上，此次井间距离选择 800m。

4.2.6　布井优化结果

在选址结果的基础上运用 MGO 模块对布井方案中设置到的各主要参数进行优化，优化结果为：开采井数目为 19 口，采用矩形布井法，井间距为 800m，平面布局行列为 3×

6，行方向垂直于地下水主流向，如图 4.15 所示。

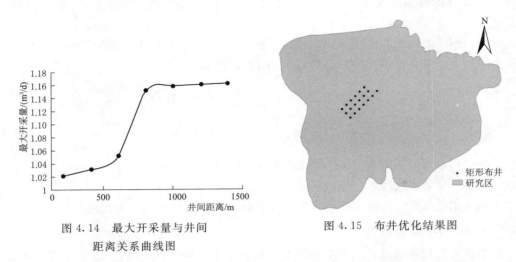

图 4.14　最大开采量与井间
距离关系曲线图

图 4.15　布井优化结果图

根据布井优化计算过程，采用该优化结果布置开采井后进行模拟，以获取优化布井条件下的研究区地下水流场及污染晕的分布状态，模拟结果如图 4.16 所示。

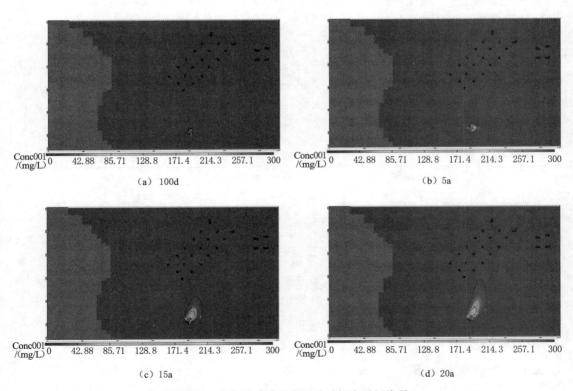

（a）100d

（b）5a

（c）15a

（d）20a

图 4.16　稳定开采时研究区硝酸根离子污染晕

4.3 呼兰区傍河水源地优化布井技术应用

4.3.1 开采井布置

根据《哈尔滨市呼兰区（老城区）第三水厂及管网建设工程可行性研究报告》，2010年呼兰区供水量为 $2.5 \times 10^4 \, m^3/d$，用水高峰时段供水能力明显不足，导致一些新建楼房和偏远地区缺水比较严重，近年来城市建设项目较多，用水量逐年增加，更加剧了供水紧张状况。为解决上述问题，哈尔滨市呼兰区自来水公司新建了呼兰第三水厂，供水能力为 $3.0 \times 10^4 \, m^3/d$。新建水厂位于呼兰区新民街三委八组，共建井 12 口，除 1 口备用井外，其余 11 口为常规开采井，三水厂开采井位置如图 4.17 所示。

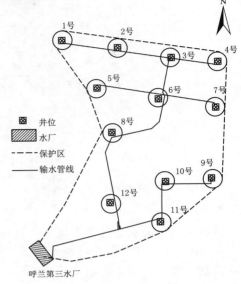

图 4.17 水源地开采井分布图

4.3.2 地下水水流模型与污染物运移模型

4.3.2.1 概念模型

1. 含水层概化

研究区内地貌类型由东北到西南呈现出高漫滩向低漫滩的变化趋势，地下水类型为高漫滩区孔隙潜水、低漫滩区孔隙潜水类型。根据勘探资料，区内主要含水层由全新统下段中粗砂、砂砾石层和下更新统猞猁组中粗砂、砂砾石层组成；两个含水层水力联系密切，从而构成了统一的含水岩组。区内白垩系泥岩、泥质砂岩构成含水岩组的隔水底板。

2. 边界条件

研究区位于松花江中游段北岸高、低漫滩区哈尔滨市呼兰区（老城区），西南侧以呼兰河作为地质单元边界；根据前期水文地质普查所得的地下水水位数据，绘制区内水位等值线；基于水源地开采井的布置情况及区内流场分布状态的综合分析，以 118.5m 水位等值线为研究区的北部分界线，作为水文地质单元的通量边界；西侧以李家洼子为起点，沿垂直等值线方向经白旗村到呼兰河作为西侧零通量边界；东侧以振兴村为起点，经关家窝铺、劳动村、二家子、兰河村到呼兰河为东侧零通量边界，如图 4.18 所示。

4.3.2.2 水文地质参数

1. 渗透系数

根据勘探孔抽水试验资料，含水层渗透系数研究区西南部沿江一带因上覆黏土层，其渗透系数相对较低，为 25～50m/d，向北逐渐增大，含水层渗透系数为 35～70m/d。根据含水层渗透系数，将研究区分为Ⅰ区和Ⅱ区，如图 4.19 所示。

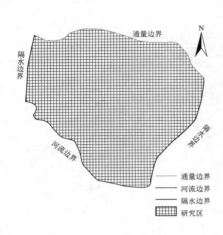

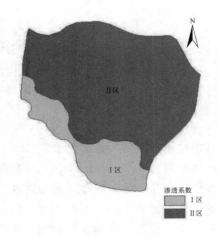

图 4.18　边界条件　　　　　　　　图 4.19　含水层渗透系数分布图

2. 源汇项

依据区内气象水文条件来概化单元补给强度，由 Recharge 软件包输入模型，蒸发量由 Evapotranspiration 软件包输入模型。哈尔滨市 14 年间大气降水量均值为 0.66m，有效降雨量 0.62m；蒸发量 1.22m，蒸发深度引自 1984 年哈尔滨江北区城市供水水文地质初勘报告取值为 4.20m。区内大气降水补给强度及开采强度见表 4.12、表 4.13。

表 4.12　　　　　　　　　　　大气降水补给强度计算表

地貌单元	有效降雨量 /m	降雨入渗补给系数	时间/d	大气降水有效补给强度/（m/d）
高漫滩	0.62	0.11	458	1.43×10^{-4}
低漫滩	0.62	0.22	458	2.93×10^{-4}

据调查资料统计，现有第一水厂将不再为呼兰区（老城区）供水，三水厂供水能力为 $3.0 \times 10^4 \text{m}^3/\text{d}$。

表 4.13　　　　　　　　　　　开采强度计算表

水源地名称	开采井数目/个	开采量/（m³/d）
第三水厂	12	30000

4.3.2.3　水流模型

1. 数学模型

根据概化的水文地质模型，建立潜水稳定流数学模型。

$$
\left.
\begin{aligned}
&\frac{\partial}{\partial x}\left(T\frac{\partial h}{\partial x}\right)+\frac{\partial}{\partial y}\left(T\frac{\partial h}{\partial y}\right)+\frac{\partial}{\partial z}\left(T\frac{\partial h}{\partial z}\right)+W=E\frac{\partial h}{\partial t} \\
&h\ (x,\ y,\ z,\ 0)=h^0\ (x,\ y,\ z) \\
&h\ (x,\ y,\ z,\ 0)\ |\ \Gamma_1=h^1\ (x,\ y,\ z,\ t) \\
&T\frac{\partial h}{\partial x}\ |\ \Gamma_2=q\ (x,\ y,\ z,\ t)
\end{aligned}
\right\}
\tag{4.33}
$$

$$
W=\varepsilon(x,y,z,t)-\sum Q_L\delta\ (x-x_L,\ y-y_L,\ z-z_L)
\tag{4.34}
$$

$$T = \begin{cases} T \\ K(h-b) \end{cases} \tag{4.35}$$

$$E = \begin{cases} \mu^* \\ \mu \end{cases} \tag{4.36}$$

式中：Γ——区域边界，其中 Γ_1 为一类边界，Γ_2 为二类边界；

$q(x, y, z, t)$——单位宽度补给量，m^3/dm；

$\varepsilon(x, y, z, t)$——单元补给强度，m/d；

Q_L——第 L 口井开采量（$L=1, 2, \cdots, \upsilon$）；

$\delta(x-x_L, y-y_L, z-z_L)$——点（$x_L, y_L, z_L$）处的 δ 函数；

$h(x, y, z, t)$——区内任一点水头标高，m；

b——含水层底板标高，m。

2. 参数识别与模型验证

将数值模拟研究区含水层概化为一层，在 11863×11863 范围内共剖分114×114×1个单元，为提高模型精度增加了水源地开采井所在区域、边界位置等处的网格剖分精度，网格剖分结果宜尽量使水位观测井、通量边界点划到剖分单元的中心，网格部分如图 4.20 所示。

3. 参数调整

模型采用正演调参，经计算调整，绘制初始流场的 10 个观测点水位实测值与模型计算值，相关系数 $R^2=0.89$，属高度相关，其中水位计算值与实测值的绝对差 90% 小于 0.50m，监测井水位实测值与计算值误差见表 4.14，调整后的水文地质参数见表 4.15。水流模型校正结果如图 4.21 所示。

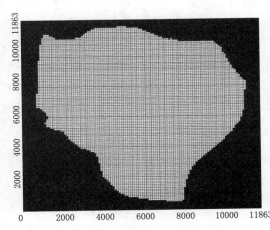

图 4.20　研究区数值模型网格剖分图

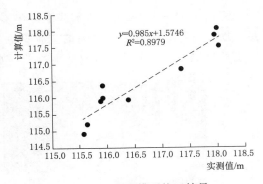

图 4.21　水流模型校正结果

表 4.14　　　　　　　　　　监测井水位实测值与计算值误差表

监测井编号	实测值/m	计算值/m	误差/m	监测井编号	实测值/m	计算值/m	误差/m
BQC55/A	117.32	116.86	−0.46	WGC51/A	115.92	116.01	0.09
DWG24/A	117.95	117.87	−0.08	XXC14/A	117.99	118.09	0.10
FQC26/A	115.63	115.22	−0.41	YXC17/A	115.56	114.93	−0.63
JBC21/A	118.03	117.55	−0.48	YXC19/A	116.39	115.95	−0.44
WGC16/A	115.87	115.93	0.06	YYC22/A	115.92	116.36	0.44

表 4.15   调整后的水文地质参数表

分　区	Ⅰ	Ⅱ	分　区	Ⅰ	Ⅱ
渗透系数 K /（m/d）	35	45	给水度 S_y	0.21	0.24
储水率 S_s /（1/m）	2.01×10^{-5}	2.20×10^{-5}	大气降水入渗系数	0.19	0.08

4. 水均衡分析

基于现有资料集合实测数据，采用调参后的地下水流模型进行水均衡分析。

计算结果见表 4.16，可知在现状开采量下，地下水总体资源量为 112658.84m³/d，流入量与流出量百分比误差为 0.02%，说明研究区内流入与流出量相平衡。

表 4.16   水均衡计算结果表

项　目	流入量/（m³/d）	流出量/（m³/d）	项　目	流入量/（m³/d）	流出量/（m³/d）
恒定水头边界	0	0	降雨补给量	81719.71	0
侧向补给量	29920.00	0	合计	112658.84	112684.52
开采量	0	59999.91	流入-流出	-25.7	
河流	1019.13	40909.41	百分比误差	0.02%	
蒸发量	0	11775.20			

5. 模拟结果

根据校核后的模型参数，对三水厂水源地投入使用后的流场进行模拟，模拟结果如图 4.22 所示；现状条件下地下水主流向为南东方向，并且在稳定开采条件下在水源地中心地区形成了一个范围较大的汇水区。

4.3.2.4　溶质迁移模型

1. 污染源调查

根据 1978—2015 年《哈尔滨统计年鉴》，在 1978—2015 年哈尔滨地区畜牧业得以长足发展，对第一产业生产总值的贡献率逐年上涨；其中，2005 年之后的畜牧业在第一产业生产总值中的贡献率与农业基本持平，如图 4.23 所示。目前，畜禽养殖业粪污情况较

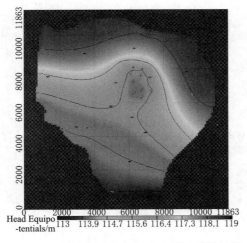

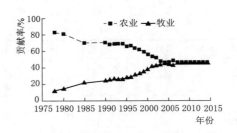

图 4.22　现状开采条件下水流模型模拟结果　　　图 4.23　哈尔滨地区农业、牧业发展状况

为普遍且危害较大，如果治理不好，会成为周边环境污染的重要因素，对该地区农业生态环境造成明显影响，同时还会影响到畜禽生产性能的发挥，只有认真对待和治理畜禽养殖业污染问题，畜牧业增效才能有可持续性的支撑基础条件。

畜牧养殖业粪污和污水中含有大量氮素、磷素等营养成分，氮污染物通过地表入渗地下，经过土壤淋滤，在包气带中发生矿化作用、固化作用、硝化作用和反硝化作用等，最终进入地下水的氮多数以硝酸盐的形式存在。渗入地下水中的硝酸盐造成地下水污染，并随着地下水径流扩散、迁移、转化，最终滞留在地下水中或排泄到河流。近年来，畜禽养殖业经营模式由早期的小农户分散养殖转向规模化、集约化经营，这些大规模养殖场的畜禽粪便产生量要远超小农户养殖模式下的畜禽粪便产生量。根据现场踏勘情况，研究区内距水源地最北侧一排开采井上游约1.5km处，发现规模化养殖场，如图4.24所示。综上，将上述养殖场作为潜在污染源。

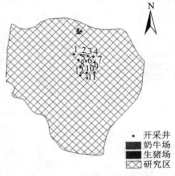

图 4.24　潜在污染源分布图

2. 污染源概化

（1）特征污染物。畜禽养殖产生的粪便和污水中的氮素，经过土壤的淋滤过程进入地下水中，仅含有少量的氨氮（NH_4^+-N）和亚硝酸盐（NO_2^--N），主要以硝酸盐（NO_3^--N）的形式存在。硝酸根离子带有负电荷，土壤和含水层介质胶体多数也带有负电荷，因此硝酸盐在地下水中很难被吸附，仅有极少数的硝酸盐发生反硝化作用，在确定垂向补给量时减去该部分，故模型中可忽略硝酸盐在地下水中的吸附量和化学反应量。利用数值模拟方法模拟硝酸盐在地下水中的迁移转化过程，分析研究区内地下水硝酸盐污染对水源地的影响。

（2）污染源荷载核算。现有的相关研究中，对于畜禽粪便产生量的计算通常采取两种方法。一是将各类畜禽的年末存栏量视作为一个相对稳定的饲养量，计算方法为：畜禽年粪便量＝存栏量×日排泄系数×365；二是将各类畜禽的年出栏量看作为饲养总量，计算方法为：畜禽年粪便量＝年出栏量×日排泄系数×饲养周期。根据前期的调研结果，作为潜在污染源的养殖场分别为养猪场和奶牛场，详细信息见表4.17。

表 4.17　　　　　　　　　　　　　研究区潜在污染源汇总表

编号	名称	位置	养殖种类	年存栏量/头
01	奶牛场	呼兰区长岭镇井堡村	奶牛	1200
02	养殖场	呼兰区长岭镇井堡村	生猪	1500

鉴于上述养殖场分别为养猪场和奶牛场，在计算污染源荷载方面借鉴了张绪美等（2007）的计算方法，将猪和奶牛的存栏量视作为一年中一个相对稳定的饲养量。畜牧养殖产生的总氮量，参考根据具体计算方法如下：

$$Q=MN \tag{4.37}$$

式中　Q——畜禽粪便量；

　　　M——畜禽存栏量；

　　　N——牲畜排泄粪便中污染物的含氮量。

动物粪便中污染物含量的估算量见表 4.18，它给出了不同牲畜每年每头排泄的粪便中含有的总氮（TN）的含量。根据式（4.37），结合表 4.18，奶牛场和生猪场的 TN 总量分别为 73320kg/a、6765kg/a。

表 4.18　　　　　　　　　　　　　　牲畜排泄粪便中污染物含量　　　　　　　　　　单位：kg/（头·a）

项目	牛粪	牛尿	猪粪	猪尿
总氮	31.90	29.20	2.34	2.17

目前养殖场动物粪便的清理方式主要分为干清、水冲两种清理方法，根据《畜禽养殖业污染物排放标准》（GB 18596—2001），养殖场清洗用水排水量与养殖类别、排泄物清理方式有着直接关系，详细见表 4.19、表 4.20。

表 4.19　　养殖场清洗用水排水量

清理方式	牛 [L/（头·d）]	猪 [L/（头·d）]
干清粪	10～15	210～250
水冲粪	35～40	250～375

表 4.20　　清洗用水排水量

清理方式	养猪场/（m³/d）	奶牛场/（m³/d）
干清粪	15～22.5	252～300
水冲粪	52.5～60	300～450

综合养殖场污染物的排泄量和养殖场清洗用水排水量，分别对养殖场排出的污水进行污染物浓度核算，奶牛场和养猪场污染物浓度分别为 446.39～797.13mg/L、308.9～1235.62mg/L。根据现场调研结果，上述养殖场为集约化养殖小区，按照《畜禽养殖业污染物排放标准》（GB 18596—2001）、《黑龙江省畜禽养殖污染总量减排技术指南（试行）》等相关文件规定，养殖小区的废污水需经过处理达标才能排放，并针对不同污染物类型的含量进行了具体限定。此次研究对象为呼兰区自来水厂，旨在对养殖场下游水源地开采井进行评估、预测、优化。出于安全角度考虑，模拟预测极端条件下养殖场对水源地的影响情况，即通过对水源地开采井进行优化，以保证水源地在养殖场污水直接排放情况下能够正常运行。综上所述，奶牛场污水排放量取值 450m³/d，浓度为 797.13mg/L；养猪场污水排放量为 60m³/d，浓度为 1235.62mg/L。

3. 数学模型

此次建立的溶质运移模型描述的是饱和带过程模拟的二维对流-弥散问题，硝酸盐氮作为特征污染物在地下水系统中会经历一系列的水文地球化学变化过程，主要包括对流-弥散、吸附解吸作用等。根据上述分析，硝酸盐氮在地下水系统中的运移模型可以概化为式（4.38）（水流方向同坐标轴方向一致）：

$$
\left.
\begin{array}{l}
\theta R \dfrac{\partial c}{\partial t} = \dfrac{\partial}{\partial x_i}\left(\theta D_{ij}\dfrac{\partial c}{\partial x_j}\right) - \dfrac{\partial}{\partial x_i}(q_i c) + q_s c_s - \lambda\theta c - \lambda\rho_b \bar{c} \\[3mm]
c(x,y,t)\mid_{t=0} = c_0(x,y) \quad (x,y)\in\Omega \\[3mm]
-D_{ij}\dfrac{\partial c}{\partial x_j} + cv\mid_\Gamma = q(x,y,t)c_q \quad t>0,(x,y)\in\Gamma
\end{array}
\right\}
\tag{4.38}
$$

式中　θ ——含水层的孔隙度，无量纲；

　　　R ——延迟因子；

　　　t ——时间；

　　　Γ ——柯西边界；

　　　Ω ——模拟渗流区；

c ——溶液中硝酸盐氮浓度值，mg/L；

$\overline{c}$ ——溶质组分的浓度，mg/L；

D_{ij} ——水动力弥散系数张量，m^2/d；

v ——孔隙中实际水流速度，m/d；

q_s ——单位时间从单位体积含水层流入或流出的水量，d^{-1}；

c_0 ——初始溶质浓度，mg/L；

c_s ——源汇项溶质浓度，mg/L；

c_q ——边界流量所对应的溶质的浓度，mg/L。

4. 模拟结果

在水流模型校核合格的基础上，建立地下水溶质运移模型，然后运行 MT3DMS 对地下水系统中硝酸盐的迁移转化进行模拟；模拟时间为 50a，其中前 20a 污染源持续释放污染物。考虑溶质运移过程中对流、弥散、吸附、化学反应等一系列作用，分别输出时间分别为 100d、1a、2a、5a、10a、15a、20a、25a、50a 的硝酸根离子浓度分布图，如图 4.25 所示。

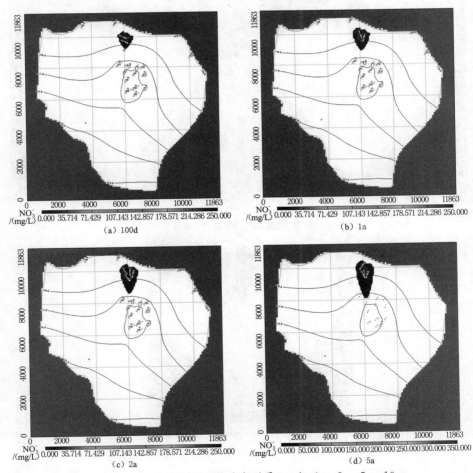

图 4.25（一） 水源地现状稳定开采 100d、1a、2a、5a、10a、

15a、20a、25a、50a 时硝酸根离子污染晕分布情况

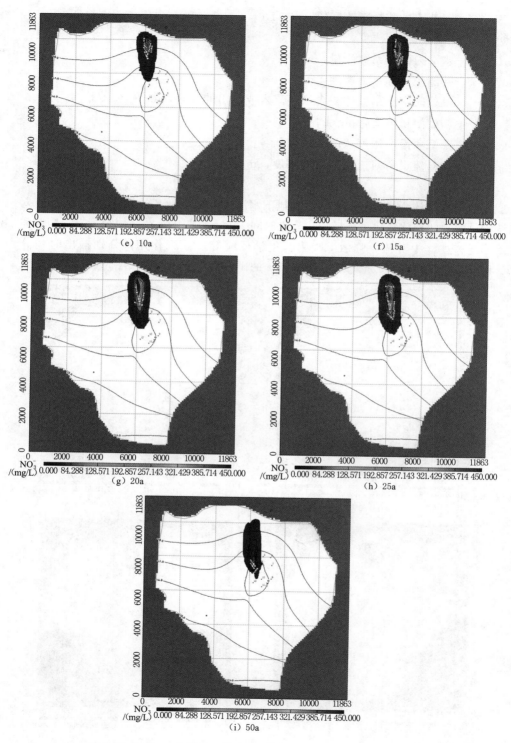

图 4.25（二）　水源地现状稳定开采 100d、1a、2a、5a、10a、

15a、20a、25a、50a 时硝酸根离子污染晕分布情况

根据图 4.25，研究区内污染物随水流从上游养殖场由北向南逐渐进入水源地开采井分布区，污染物进入水源地大概需要 5 年时间，且污染范围逐渐扩大，受污染区域的污染物浓度逐渐升高，直到第 20 年污染范围仍然呈逐步扩大的趋势；第 20～25 年，污染源核心区逐渐向南移动，这是由于第 20 年养殖场污染源停止补给；第 50 年后，虽然水源地及其上游地区仍有部分污染物残留，但整体而言污染程度大幅度减弱。

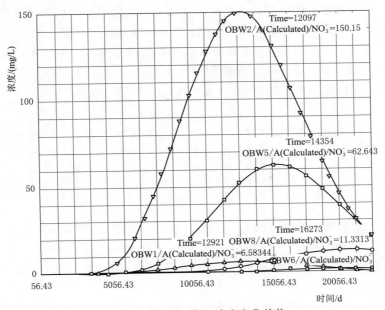

图 4.26　监测井污染源浓度变化趋势

为充分掌握水源地开采井的污染情况，在数值模拟工作中，将污染物浓度监测井设置在水源地开采井的位置，则根据模拟结果获取 12 口监测井污染物浓度变化趋势图，如图 4.25 所示。

由图 4.26 可以看出水源地 2 号井最先受到污染源影响，随着时间推移 2 号井的污染物浓度逐渐升高，到第 12097 天达到峰值，随后逐渐下降直至模拟结束。此外，1 号、5 号、6 号、8 号井均受到不同程度污染，且污染物变现趋势同 2 号井保持一致。因此在水源井优化布置时必须考虑该污染源对开采井的影响。

4.3.3　开采井个数优化

4.3.3.1　目标函数

以水源开采井数目 N 最小作为优化目标，以满足水源地在稳定开采过程中的水质、水量、水位降深等作为约束条件，目标函数为

$$J = \min \sum_{i}^{N} y_i \quad (i = 1, 2, 3, \cdots, N) \tag{4.39}$$

式中　y_i——水源地备选井 i 在稳定开采条件下的开启或关闭，若开采井开启则 $y_i = 1$，

否则 $y_i = 0$；

N——开采井数目。

4.3.3.2 约束条件

1. 降深约束

结合前文中关于降深约束的计算方法，即水源地稳定开采条件下，地下水水位降深最大值必须要小于该处含水层厚度的 0.5 倍。首先，根据研究区现状开采条件的数值模拟模型对拟定开采井 i 所在位置的水头值 h_i^0 进行求解。然后根据拟定开采井位置及含水层厚度数据，按照 4.1.2.3 节式（4.17）计算获得降深约束条件。综上所述，降深约束条件的计算结果见表 4.21，结合 MGO 优化模型中关于降深约束的设定方法，将井位点降深约束转化为水头 h_i 的限值来表征，即 $h_i^{min} \leqslant h_i \leqslant h_i^0$。

表 4.21 降深约束条件统计表

I	1 号	2 号	3 号	4 号	5 号	6 号	7 号	8 号	9 号	10 号	11 号	12 号
h_i^0	116.68	116.35	116.33	116.65	116.01	115.90	116.33	115.70	116.09	115.60	115.65	115.62
h_i^{min}	94.36	92.56	93.44	93.55	93.67	92.46	93.39	93.28	94.13	93.11	93.77	93.24

2. 水量约束

根据研究区的水文地质勘查报告，将抽水实验单井涌水量作为开采井的最大抽水量 Q_{max}，规划水源地抽水试验单井涌水量为 3840m³/d，则 $Q_{max} = 3840$m³/d；且水源地总的开采量需满足供水需求，因此水源地抽水井的总供水量在 30000～33000m³/d 范围内。

3. 水质约束

水质约束是指开采井中特征污染物的浓度必须要小于某一限值，根据前文所述，此处特征污染物硝酸盐需满足水源地选址要求中关于傍河水源地建设地下水质量的要求，根据《地下水质量标准》（GB/T 14848—93）中 Ⅲ 类水的要求则 $C_{max} = 20$mg/L。综上，$0 \leqslant C_i \leqslant 20$mg/L。

4.3.3.3 模拟结果

1. MGO 优化模型参数设定

在优化模拟过程中，需要对该优化模型解法选项中的参数进行设定，主要包括最大迭代次数（Maxlter），正向模拟个数（NSimPerlter）等。优化模型的运行效率及优化结果的可靠程度与参数设定有直接关系，如果模型参数设置不合理，会使优化过程耗费大量时间，并影响优化结果可靠性。因此在参数设定部分采取了多次试运行的方法，对相应参数进行甄别筛选，见表 4.22。

表 4.22 MGO 优化模型参数表

参 数	数值
最大迭代次数（Maxlter）	20
正向模拟个数（NSimPerlter）	1000
总迭代	100

2. 优化计算结果

根据前文中建立起来的水流模型及溶质运移模型，在 Visual Modflow 中调用 MGO 模块，在优化模块中设定约束条件及目标函数等参数，对开采井个数进行优化分析，优化结果见表 4.23。

表 4.23　　　　　　　　　　　　优化布井方法开采井个数优化结果

开采井编号	开采量	max(C_i) / (mg/L)	max$(h_i^{in}-h_i^{out})$ /m	Q_i/ (m³/d)	$\sum Q_i$/ (m³/d)
1 号	0				
2 号	0				
3 号	3310				
4 号	3691				
5 号	0				
6 号	2999	max(C_i)＝18.09＜20	max$(h_i^{in}-h_i^{out})$＝12	$Q_i\leqslant3840$	30000$\leqslant\sum Q_i$ ＜33000
7 号	3690				
8 号	3637				
9 号	3220				
10 号	3399				
11 号	2876				
12 号	3275				

　　根据表中列出的优化结果，统计可得在本次目标函数下最优的开采井个数为 9 口，开采总量满足供水量要求，水位降深、单井开采量、开采井中污染物浓度等参数均满足约束条件要求，因此确定该次模拟结果可靠。根据优化结果，对模型进行调整，重新运行模型获得优化条件下的研究区地下水流场状态及污染晕的分布状态，如图 4.27 和图 4.28 所示。

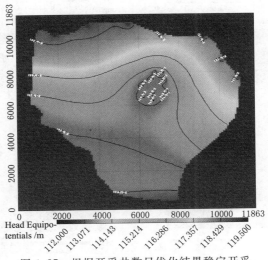

图 4.27　根据开采井数目优化结果稳定开采
条件下地下水流场

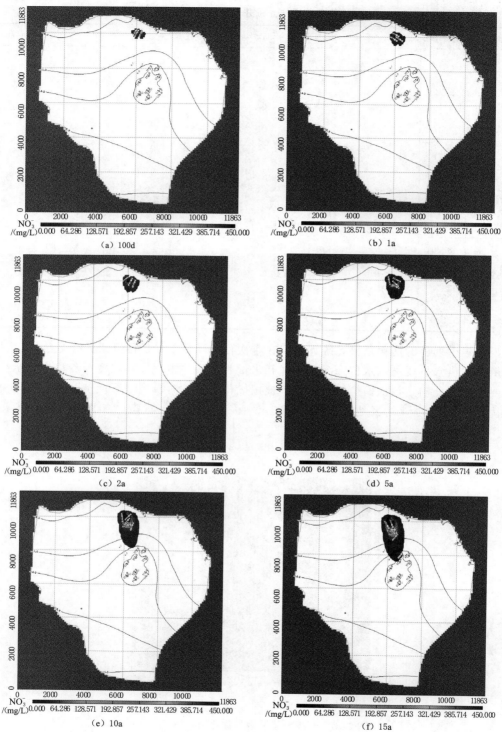

图 4.28（一） 优化条件下水源地稳定开采 100d、1a、2a、5a、10a、15a、
20a、25a、50a 时硝酸根离子污染晕分布情况

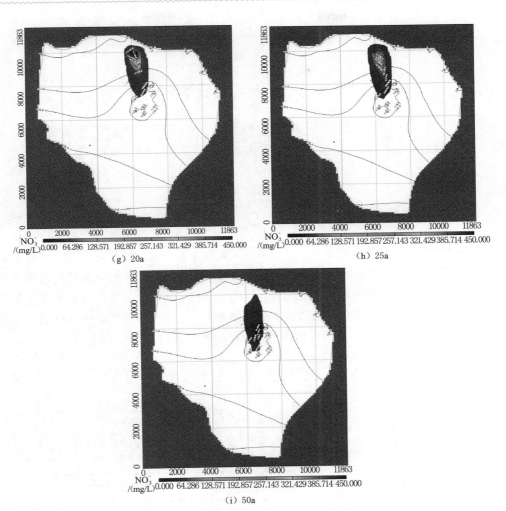

（g）20a   （h）25a

（i）50a

图 4.28（二）　优化条件下水源地稳定开采 100d、1a、2a、5a、10a、15a、
20a、25a、50a 时硝酸根离子污染晕分布情况

4.3.4　布井优化结果

在水源地现有开采井个数、井间距离、布井方式等
布井结果的基础上，结合研究区实际水文地质条件构建
地下水水流模型和溶质运移模型，并对水流模型进行了
校准，并给出了稳定开采条件下流场模拟结果，以及溶
质运移特征；根据研究区实际水文地质条件计算各约束
条件的范围，最后利用 Visual Modflow 中的 MGO 模块，
调用水流模型和溶质运移模型，设定决策变量、状态变
量及目标函数等参数指标，对开采井个数进行优化，最
终获得开采井数目为 9 口，如图 4.29 所示。

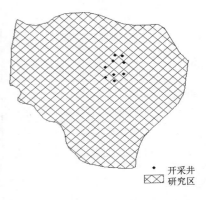

图 4.29　布井优化结果

构建傍河取水水质预测预警技术，是保障傍河取水水质安全的重要途径。目前以水质监测为主的水源地预警方法难以完全满足水源地水质安全预警的实际需要，故形成适用于不同目标的预警方法以全面提升预警的针对性和有效性，具有重要意义。本次研究构建了集基于长序列监测水质变幅、污染过程模拟和污染风险评价等 3 种水质预警方法于一体的综合水质安全预警技术体系（图 5.1），为傍河水源地水质预测预警提供了技术途径。

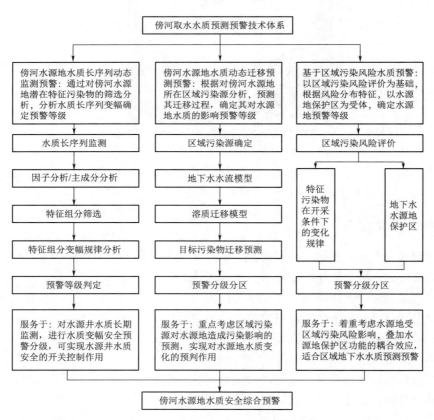

图 5.1　傍河取水水质预测预警技术体系

5.1 基于水质变幅的傍河水源地水质预测预警技术

基于水质变幅的傍河水源地水质预测预警技术通过对傍河水源地潜在特征污染物的筛选分析，以构建特征污染物长序列监测体系为依据，进而根据其组分分布规律确定预警级别。该技术可实现对水源井水质安全的"开关"控制作用。

5.1.1 监测指标筛选

基于水质变幅的水质安全预警技术首先应对现有的监测指标进行筛选，而且所筛选的指标必须能够较全面地反映水源地水体特征，同时考虑环境变化的影响，筛选指标需要满足代表性、因地而异、可行性、科学性原则。

5.1.1.1 傍河水源地取水井常规监测指标

根据《全国集中式生活饮用水水源地水质监测实施方案》（以下简称《方案》）要求，地下水水源地常规监测项目共 23 项（表 5.1），水源地应结合区域实际污染情况，适当增加典型污染物。

表 5.1   傍河水源地常规监测项目及频次

项目	监 测 项 目	监测频次	备注
必测项目（8 项）	pH 值、总硬度、硫酸盐、氯化物、高锰酸盐指数、氨氮、氟化物和总大肠菌群	每月监测一次	
选测项目（15 项）	挥发酚、硝酸盐氮、亚硝酸盐氮、铁、锰、铜、锌、阴离子合成洗涤剂、氰化物、汞、砷、硒、镉、六价铬和铅	每年 1 月、7 月各监测一次	凡超过地下水 Ⅱ 类标准，每月监测并报告

为保障水源地供水安全，根据《方案》要求，需要初步对监测项目实施动态调整，计划每 5 年规划期间优化调整 1 次。根据水源地历史水质数据全分析资料，拟定近 5 年内检出的有毒有害物质和有潜在污染风险的指标，作为水源地监测典型污染物，每月（每季或半年）进行监测，如连续 5 年未检出的指标，可不作为例行监测指标。

5.1.1.2 特征污染物监测指标

对傍河水源地特征污染物及污染源的情况进行调查，得出周边特征污染物后，根据污染物的种类、分布特征及性质，获得调查结果指标，再按照指标筛选原则对指标进行二次筛选，将筛选结果纳入水源地特征污染物监测指标系统。

5.1.1.3 因子分析指标筛选

因子分析是对多个变量中提取共性因子的统计技术，是对多变量降维、聚类的过程。即通过分析多个变量间的相关性，根据相关性分析结果对变量分组，每组变量之间的相关性较低，组内变量相关性较高，每组变量代表一种基本结构，可以用潜在公因子表示。其数学模型可表示为

$$\begin{cases} X_1 = \alpha_{11}F_1 + \alpha_{12}F_2 + \cdots + \alpha_{1m}F_m + \varepsilon_1 \\ X_2 = \alpha_{21}F_1 + \alpha_{22}F_2 + \cdots + \alpha_{2m}F_m + \varepsilon_2 \\ X_P = \alpha_{p1}F_1 + \alpha_{p2}F_2 + \cdots + \alpha_{pm}F_m + \varepsilon_p \end{cases} \quad (5.1)$$

式中　　　　　　　　A——第 i 个原有变量在第 j 个因子变量上的负荷；

$F = (F_1, F_2, \cdots, F_m$——公共因子矩阵；

$E = (\varepsilon_1, \varepsilon_2, \cdots, \varepsilon_P)^T$——特殊因子矩阵，相当于不能被解释的残差部分。

X_1、X_2、$\cdots$、X_p 的 p 个初始变量，经过标准化处理后使其均值为 0、标准差为 1，经降维处理，p 个变量可综合成 m 个新指标 F_1，F_2，$\cdots$，F_m，且 X 可由 F_m 线性表示，即：$X = AF + \varepsilon$，其中矩阵 $A = (\alpha_{ij})_{p \times m}$ 为因子载荷矩阵，α_{ij} 统计学中称为"权重"。

通过对水源地水质状况做因子分析，可以获得用于判断区域水质影响因素的成分矩阵，实现多维水质数据的降维，将相关性较强的水质指标归类并进行主成分的源解析分析，根据分析结果，提出可以代替各组主成分的水质替代性指标，对该系列指标进行实时监测，可大大降低工作量，提高水质安全预警的敏感度。

具体操作步骤如下：

（1）获取至少一期水质监测数据，对数据进行标准化处理。

（2）对标准化后的数据进行因子分析，推荐使用主成分分析法提取公因子、后采用最大方差法获得旋转成分矩阵。

（3）根据获得的数据相关性分析表对组内、组间数据进行相关性分析，初步将显著相关数据分成一组。

（4）提取特征值大于 1 的主成分，根据成分旋转矩阵，作水质状况源解析，识别影响水质状况的主要因素。

（5）根据源解析结果，选取水质因子替代性指标，对选取的替代性指标进行在线监测。

（6）对水质替代性指标的监测结果进行预警等级判别，级别划定依据主要通过选取单个水质替代性指标所对应的主成分组份中相关贡献率。

以最高指标的预警划分限值标准为基础获得预警等级判别的等效指标。

5.1.1.4　筛选结果判别

对因子分析结果进行筛别，需遵循以下思路：

（1）表 5.1 中所规定必测项目不应删减，但应结合分析结果，可不作为实时在线监测指标。

（2）根据分析结果获得影响水源地及周边区域水质状况的主成分，并进行源解析，根据源解析结果选择综合替代性指标。

（3）对选取的综合替代性指标进行指标筛选原则论证，保留合适的监测指标，供在线监测使用，再结合常规监测指标筛选结果及污染源调查结果，最终获得水源地水质监测指标体系。

（4）经过水源地实地情况论证，从水源地水质监测指标系统中选择在线监测指标，作为预警工作在线监测部分。

5.1.2 预警等级划分

基于傍河水源地水质监测的预警等级判定，是针对水质监测结果进行预警级别的判定。判定主要根据：常规水质监测结果；单位时间内水质变幅；因子分析所得在线监测结果。预警级别的划分参考《国家突发水质污染事故应急预案》（国家环保总局2007年发布）。将水质安全预警的级别划分为五级，由低到高分别为零级、一级、二级、三级和四级。其中，一至四级分别与《国家突发水质污染事故应急预案》规定的四个预警级别对应，而零级则表示水源地地下水水质尚无污染风险。

预警等级划分的依据是《地下水质量标准》（GB/T 14848—2017）（Ⅲ类水）和《生活饮用水卫生标准》（GB 5749—2006）（以人类健康为依据）的限定标准。如果在进行预警级别的判定时，选取的指标在《地下水质量标准》（GB/T 14848—2017）中未给出相应标准，则依据《生活饮用水卫生标准》（GB 5749—2006）进行地下水水质赋值，并据超标情况划定预警级别。

全分析项目预警级别划分时，若超标则视严重程度启动三级以上预警，以《生活饮用水卫生标准》中所规定的限值作为评价标准。

在进行预警结果判定时，需要综合常规监测结果、单位时间内水质变化趋势判定结果及在线监测结果，预警级别采取保守态度，取三种判定情况下的最高预警级别。

5.1.2.1 基于水质监测结果的判别

预警等级划分的依据是《地下水质量标准》（GB/T 14848—93）（Ⅲ类水）和《生活饮用水卫生标准》（GB 5749—2006）（以人类健康为依据）的限定标准。如果在进行预警级别的判定时，选取的指标在《地下水质量标准》（GB/T 14848—93）中未给出相应标准，则依据《生活饮用水卫生标准》（GB 5749—2006）进行地下水水质赋值，并据超标情况划定预警级别，根据监测结果的预警等级划分见表5.2。

表 5.2 根据监测结果的预警等级划分

预警等级划分		零级预警	一级预警	二级预警	三级预警	四级预警
编号	项目	Ⅰ、Ⅱ类	Ⅲ类和饮用水中较小值	Ⅲ类和饮用水中较大值	Ⅳ类	Ⅴ类
1	pH 值	6.5～8.5			5.5～6.5 或 8.5～9	<5.5 或 >9
2	总硬度（以 $CaCO_3$，计）/(mg/L)	≤150	≤300	≤450	≤550	>550
3	硫酸盐/(mg/L)	≤50	≤150	≤250	≤350	>350
4	氯化物/(mg/L)	≤50	≤150	≤250	≤350	>350
5	Fe/(mg/L)	≤0.1	≤0.2	≤0.3	≤1.5	>1.5
6	Mn/(mg/L)	≤0.05	≤0.05	≤0.1	≤1.0	>1.0
7	Cu/(mg/L)	≤0.01	≤0.05	≤1.0	≤1.5	>1.5
8	Zn/(mg/L)	≤0.05	≤0.5	≤1.0	≤5.0	>5.0
9	挥发性酚类/（以苯酚计）/(mg/L)	≤0.001	≤0.001	≤0.002	≤0.01	>0.01

预警等级划分		零级预警	一级预警	二级预警	三级预警	四级预警
编号	项目	Ⅰ、Ⅱ类	Ⅲ类和饮用水中较小值	Ⅲ类和饮用水中较大值	Ⅳ类	Ⅴ类
10	阴离子合成洗涤剂/（mg/L）	未检出	≤0.1	≤0.3	≤0.3	>0.3
11	COD_{Mn}/（mg/L）	≤1.0	≤2.0	≤3.0	≤10	>10
12	硝酸盐-N/（mg/L）	≤2.0	≤5.0	≤20	≤30	>30
13	亚硝酸盐-N/（mg/L）	≤0.001	≤0.01	≤0.02	≤0.1	>0.1
14	NH_4^+-N/（mg/L）	≤0.02	≤0.02	≤0.2	≤0.5	>0.5
15	氟化物/（mg/L）	≤1.0	≤1.0	≤1.0	≤2.0	>2.0
16	氰化物/（mg/L）	≤0.001	≤0.01	≤0.05	≤0.1	>0.1
17	Hg/（mg/L）	≤0.00005	≤0.0005	≤0.001	≤0.001	>0.001
18	As/（mg/L）	≤0.005	≤0.01	≤0.01	≤0.05	>0.05
19	Se/（mg/L）	≤0.01	≤0.01	≤0.01	≤0.1	>0.1
20	Cd/（mg/L）	≤0.0001	≤0.001	≤0.01	≤0.01	>0.1
21	Cr^{6+}/（mg/L）	≤0.005	≤0.01	≤0.05	≤0.1	>0.1
22	Pb/（mg/L）	≤0.005	≤0.01	≤0.05	≤0.1	>0.1
23	总大肠菌群（个/L）	≤3.0	≤3.0	≤3.0	≤100	>100

5.1.2.2　基于典型水质组分变幅结果的判别

针对的长序列监测结果对水质组分的分布规律进行分析，若发现水质超标则直接启动相应级别的预警。其使用先决条件为：$M_i < M_k$（M_k为相应预警启动浓度值）。两类组分分布规律是判定预警级别的重点，一是某项指标浓度有不断上升的趋势；二是指标的浓度呈现大幅度波动的规律。第一类情景可通过计算任意两期的监测数据获取，第二类情景则需要对高浓度水质组分分布规律进行计算，采用斜率判断法判定水质趋势。预警级别判断公式如下：

$$K_i = \frac{M_i}{M_{i-1}} \tag{5.2}$$

式中　K_i——某一项监测指标的变幅指数；

M_i——某一项监测指标的实际监测值；

M_{i-1}——某一项监测指标在 M_i 前一次取样时的实际监测值。

根据变幅指数进行预警级别划分：$K_i < 1$，$M_i < M_k$，零级预警；$2 > K_i \geq 1$，$M_i < M_k$，一级预警；$3 > K_i \geq 2$，$M_i < M_k$，二级预警；$5 > K_i \geq 3$，$M_i < M_k$，三级预警；$K_i \geq 5$，$M_i < M_k$，四级预警。

5.1.2.3　基于在线监测结果的判别

利用 SPSS 中的因子分析功能，选取水质数据，通过提取主成分因子和指标相关性分析，对水质监测指标进行初步筛选，筛选结果结合当地特征污染源与国家规范水质监测方案，根据多年水质监测结果，最终确定水质监测指标体系。对体系中的系列指标进行在线实时监测，这样可大大降低工作量，提高水质安全预警的敏感度。对水质替代性指标的实时监测结果进行预警等级判别，级别判定方法同表 5.2 一致。

5.1.3 预警措施

根据预警级别判定结果，采取相应的预警措施，详见表5.3。

表 5.3　　　　　　　　　　　　基于常规监测的预警方案

预警级别	预警方案
零级	无，保持现状
一级	针对造成预警级别提升的指标进行加密监测，时间改为每月监测一次
二级	关闭导致出现本级预警的取水井，其他取水井同时监测本指标
三级	关闭导致出现本级预警的取水井及水力场下游取水井，其他取水井连续在线监测本指标；分析指标升高原因，进行污染物迁移转化模拟，得出监测周期内污染物迁移范围，处于此范围内的取水井不得使用
四级	关闭傍河水源地所有取水井，启动备用水源地。分析指标升高原因，进行污染物迁移转化模拟，得出污染物降低到可以饮用的时间，在此时间范围内，取水井不得取水作为生活用水

5.1.4 利民区水质变幅的傍河水源地预测预警技术应用

5.1.4.1 区域潜在污染源及特征污染物监测指标调查

1. 污染源分类

按不同的分类方式可分为：自然污染源、人为污染源；工业污染源、农业污染源、生活污染源；点状污染源、带状污染源和面状污染源；连续性污染源、间断性污染源和瞬时性（偶然性）污染源。污染源分布的主要关注点包括空间位置、污染物的量及污染防护措施的完善性。

人为污染源包括城市固体废物（生活垃圾、工业固体废物、污水处理厂、排水管道及地表水体的污泥等）、城市液体废物（生活污水、工业污水及地表径流等）、农业活动（污水灌溉、施用农药、化肥及农家肥）、矿业活动（矿坑排水、尾矿淋滤液、矿石选洗等）。基于产生污染物的行业，可将污染源分为工业、农业和生活污染源三类。

（1）工业污染源。工业污染源包括"三废"、储存装置和输运管道的渗漏、事故产生的偶然性污染源及放射性污染源。其中工业"三废"包括废水、废气和废渣：①未经处理的工业废水如电镀工业废水、工业酸洗污水、冶炼工业废水、石油化工有机废水等有毒有害废水直接流入或渗入地下水中，造成地下水污染；②工业废气如二氧化硫、二氧化碳、氮氧化物等物质会对大气产生严重的一次污染，而这些污染物又会随降雨、降雪等大气沉降过程落到地面，随地表径流下渗对地下水造成二次污染；③工业废渣如高炉矿渣、钢渣、粉煤灰、硫铁渣、电石渣、洗煤泥、硅铁渣、选矿场尾矿及污水处理厂的淤泥等，由于露天堆放或地下填埋隔水处理不合格，经风吹、雨水淋滤，其中的有毒有害物质随降水直接渗入地下水，或随地表径流往下游迁移过程下渗至地下水中，形成地下水污染。

储存化学物品、石油、污水的油罐、油库等，其渗漏与流失常是污染地下水的污染源，特别是石油的渗漏与流失。管道和储存装置的渗漏非常普遍，是不易被人发现的连续性污染源。发生事故而产生的偶然性污染源，因其一般很少采取严格的防护措施，故发生事故后造成的污染也比较严重。

（2）农业污染源。农业活动对农业土壤中污染物的含量影响很大，农业活动造成污染的因素包括农药及肥料的施用、农业废弃物、灌溉水质与方式以及农业生产的复种指数等因素。如长期大量使用化肥、农药和农用地膜等农用化学品，不合格的灌溉水质和不合理的农田漫灌方式，加上高复种指数等因素，易造成土壤和农产品污染。

目前我国采用城市污水回灌农田的比例很高，其中回灌污水中工业废水占 50％～60％，其余为生活污水。土壤-植物系统对污水中的污染物具有较强的净化作用，在一定限度或痕量范围内不会造成环境污染。但长期进行超标污水灌溉，当土壤中的有机污染物及重金属含量大大超过土壤吸附及作物吸收能力时，必然造成土壤污染和地下水污染。在地下水污染方面，回灌污水易造成地下水硝酸盐污染，此外污水中的污染物如重金属、卤族元素和有机污染物等可能造成地下水污染。

（3）生活污染源。生活污染源包括生活垃圾、居民生活污水、科研文教单位排出的废水、医疗卫生部门的污水等。随着人口的增长和生活水平的提高，居民丢弃的生活垃圾和排放生活污水量逐渐增多，而垃圾无害化处理率不高，《2006 年国家城市环境管理和综合整治年度报告》显示，城市生活垃圾无害化处理率平均为 59.48％。固体有害污染物如塑料制品、电子垃圾、纺织品等大多采用填埋法进行处理，由于我国垃圾填埋处理技术落后、垃圾填埋选址不当等原因，垃圾填埋场的渗漏已经造成地下水的严重污染，成为地下水的主要污染源之一。居民排放生活污水中污染源包括人体的排泄物和肥皂、洗涤剂、腐烂的食物等，在严重污染地表水的同时，通过下渗也对地下水造成了不同程度的污染。除此之外，科研文教单位排出的废水成分复杂，常含有多种有毒物质。医疗卫生部门的污水中则含有大量细菌和病毒，是流行病和传染病的重要来源之一。

工业污染源调查应查明排污企业及排污口的位置，并查明污水和废渣排放量、排放方式及途径，污染物种类、数量、成分及危害，重要污染企业废弃场地、废弃井、油品和溶剂等地下储存设施等。生活污染源调查主要包括生活污水和生活垃圾的调查，生活污水的调查包括其产生量、处理与排放方式、主要污染物及其浓度和危害等，生活垃圾的调查包括垃圾场的分布、规模、垃圾处理方式、淋滤液产生量及主要污染组分等。农业污染源调查包括土地利用历史与现状，农田施用化肥和农药的品种、数量、方式及时间等，污灌区范围、灌溉污水中的主要污染物及浓度、污灌次数和污灌量等，养殖场及规模，乡镇企业污染源情况等。

2. 特征污染物调查

地下水中的污染物种类繁多，根据污染物的性质可以分为无机污染物、有机污染物等。

无机污染物。地下水中常见的无机污染物有氮污染物（NO_3^-、NO_2^-、NH_3）、Cl^-、SO_4^{2-}、F^-、TDS、氰化物、汞、镉、铬、铅、砷等，以上污染物可分为无直接毒害作用及有直接毒害作用的无机污染物。

有机污染物。地下水中的有机污染物种类繁多，根据有机污染物是否易于被微生物分解而将其分为易降解有机污染物和难降解有机污染物。

（1）特征污染物调查注意点。主要有以下几项：傍河水源地周边农业种类及农药化肥施用情况；傍河水源地周边工厂生产产品及工艺流程中可能产生危害地下水水质的污染物；傍河水源地取水井及水资源补给、径流区居民生活污染物。

（2）污染源情况调查注意点。原则为注重污染源的分布、类型、性质等；分类调查以便于统计，按自然污染源、人为污染源、工业污染源、农业污染源、生活污染源的分类方式调查，同时注记点源、线源、面源；重点调查特征污染物的空间浓度分布，污染物的种类，有机物、放射性物质、重金属和病原微生物等；污染物的可溶性、持久性、吸附性及挥发性等；对污染物现有的防护措施。

（3）特征污染物调查结果的处理。得出傍河水源地周边特征污染物后，根据污染物的种类、分布特征及性质，获得调查结果指标，按照指标筛选原则对指标进行二次筛选，将筛选结果纳入水源地水质监测指标系统。

3. 特征污染物调查结果

根据调查结果，利民地区地下水潜在污染源的类型主要为生物制药基地污水排放、垃圾堆放、农田种植和居民生活污水排放。

（1）生物制药基地污水排放。哈尔滨利民生物医药产业园区位于哈尔滨市利民经济技术开发区，目前已建成区 2 km²，涉及药品生产、医疗器械、功能食品、医药物流等领域。区内生物制药产生的污水排放需重点关注。主要药厂分布如图 5.2 所示。

（2）垃圾堆放。目前研究区内主要垃圾来源为城镇居民生活垃圾及工业生产废物。其中，区内设有居民生活垃圾集中回收处理站，可处理大部分城镇生活垃圾，但靠近研究区周边区域的村落仍存在垃圾随意堆放现象。工业生产废物主要来源于利民生物医药产业园，生产过程中所产生的废物主要由工厂内部处理及垃圾处理站回收。根据研究区调查结果，区内主要存在两处大型垃圾堆放场地如图 5.2 所示。

（3）农田种植。研究区周边存在大面积农业片区，主要分布在研究区西侧的高漫滩地区，农业类型以玉米、大豆种植为主，由于当地农业长期施用化肥、农药，在种植区形成了广泛的农业面源污染。农业片区土壤类型主要为黑壤土，分布厚度一般

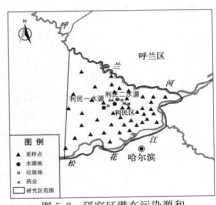

图 5.2　研究区潜在污染源和
采样点位置分布

10~30 cm，能在一定程度上起到防止污染物下渗的作用，但由于该地区农业种植在春秋两季时均有大规模的"翻地"松土行为，致使表层土壤与下伏细沙层混合，且土壤松动增加了表层空隙，在淋滤作用下，农业污染物很容易进入下部地层。农业面源污染具有广泛性、模糊性、潜伏性、隐蔽性、难治理的特点，因此长期以来被作为污染源调查和研究的重点。

（4）居民生活污水排放。随着近年来哈尔滨市"北拓南越"建设计划的开展，利民区城市化进程迅速，区内建有完善的污水处理厂，居民生活污水及城市雨漏水均进入污水管网后统一在污水处理厂处理达标后排放，利民主城区附近基本无生活污水排放进入含水层中的潜在性污染。利民城区周边存在部分待改建为城区的村镇，目前大部分居民均已搬离，常住人口数量较低，且为传统的农村生活方式，对环境影响较小。因此，利民区居民生活污水对研究区地下水污染的潜在可能性较低，此次研究不考虑生活污水的影响。

根据污染源调查结果及研究区河流水质、地下水分析结果，获得根据研究区主要超标物质为总铁、锰、氨氮、COD。目前对研究区影响最为严重的污染源为农业面源污染，根据对研究区地下水及河流水质的取样测试，确定研究区主要污染物为氨氮。

5.1.4.2　监测指标筛选

选取研究区 2006 年 6—9 月期间取样测试的水质监测数据，本次研究所有样品均取自利民开发区含水层，42 个样品分别取自不同的水井，采样点分布如图 5.2 所示。水井为民井或农田灌溉井，以压水井及潜水泵井为主，所开采层位均为潜水含水层，取样深度变化范围较小，从地下水水位以下 1.2~6.5m 不等。

利用美国 IBM 公司的 SPSS 20.0 软件对地下水水质数据进行处理分析。选用因子分析来区分影响利民开发区地下水水质的不同自然和人为过程的贡献率。根据采样测试分析的连续性和测试结果的代表性，利民开发区周边农业活动较为频繁，最终选择 Ca^{2+}、Mg^{2+}、K^+、Na^+、Cl^-、SO_4^{2-}、HCO_3^-、NO_3^-、NO_2^-、NH_4^+、COD、氟化物（F^-）总硬度（TH）、溶解性总固体（TDS）、Fe 和 Mn 共 16 个水质参数参与分析。本次研究选取的 16 个指标分别代表地下水的水化学性质、有机属性、水质污染状况，且包括了所有研究区地下水水质测试过程中超标的水质参数，能够表征研究区的整体水质状况。

5.1.4.3　水质状况源解析

研究区 42 个地下水水样的 16 个水质参数相关性描述见表 5.4，其相关系数矩阵见表 5.5。从表中可以看出，Ca^{2+}、Mg^{2+}、SO_4^{2-}、总硬度（$CaCO_3$）、溶解性总固体、NO_3^-、NO_2^- 相关性较高，说明可能是同一来源；Na^+、Cl^- 相关性较高，来源可能相同；COD、NH_4^+ 具有较高相关性，应属统一来源；总 Fe、Mn 相关性较高，来源可能相同；与其他水质参数呈负相关的因子理论上来源不同。

在进行分析之前，根据原始水质数据的偏度、峰度状况，对数据进行均值为 0，方差为 1 的标准化转换。然后采用 Kaiser-Meyer-Olkin（KMO）检验和 Bartlett 球形检验以验证数据是否适合分析条件（表 5.6）。由此可见 KMO 测度为 0.597，Bartlett 检验具有显著性，适合进行分析。

表 5.4　水质指标描述性统计

编号	水质指标	极小值统计量	极大值统计量	均值统计量	标准差统计量	方差统计量	偏度		峰度	
							统计量	标准误差	统计量	标准误差
1	K^+	0.66	2.72	1.66	0.49	0.24	0.27	0.365	−0.043	0.717
2	Na^+	11.33	256.80	45.38	40.99	1680.35	3.66	0.365	17.286	0.717
3	Ca^{2+}	8.80	98.78	54.53	19.63	385.21	0.07	0.365	0.030	0.717
4	Mg^{2+}	1.77	23.73	12.43	4.53	20.53	0.37	0.365	0.359	0.717
5	NH_4^+	0.02	1.68	0.65	0.41	0.17	0.11	0.365	−0.291	0.717
6	HCO_3^-	133.69	434.50	294.53	82.47	6802.00	−0.16	0.365	−1.255	0.717
7	Cl^-	2.59	217.11	22.25	49.54	2454.56	3.26	0.365	9.621	0.717
8	SO_4^{2-}	0.50	147.50	9.27	24.67	608.66	4.71	0.365	25.005	0.717
9	NO_3^-	0.58	18.06	3.89	3.45	11.89	2.42	0.365	7.220	0.717
10	NO_2^-	0.00	0.22	0.02	0.04	0.00	3.50	0.365	12.906	0.717
11	Fe	0.08	21.96	5.39	5.98	35.78	1.21	0.365	0.934	0.717
12	Mn	0.88	4.35	2.49	0.89	0.80	0.46	0.365	−0.378	0.717
13	TDS	153.53	661.10	326.48	117.79	13873.78	1.53	0.365	2.601	0.717
14	TH	31.73	337.00	186.56	65.52	4293.26	0.08	0.365	0.113	0.717
15	F^-	0.05	0.59	0.15	0.17	0.03	1.76	0.365	1.676	0.717
16	COD	0.88	4.35	2.49	0.89	0.80	0.46	0.365	−0.378	0.717

表 5.5　水质指标相关性矩阵

	K^+	Na^+	Ca^{2+}	Mg^{2+}	NH_4^+	Cl^-	SO_4^{2-}	NO_3^-	NO_2^-	F^-	COD	TDS	TH	HCO_3^-	Fe	Mn
K^+	1.000															
Na^+	0.224**	1.000														
Ca^{2+}	0.370**	0.211**	1.000													
Mg^{2+}	0.478**	0.257**	0.904**	1.000												
NH_4^+	-0.050	-0.101	-0.329**	-0.320**	1.000											
Cl^-	0.425**	0.765**	0.417**	0.528**	-0.121	1.000										
SO_4^{2-}	0.613**	0.331**	0.538**	0.710**	-0.289	0.567**	1.000									
NO_3^-	0.624**	0.234**	0.673**	0.796**	-0.333**	0.484**	0.728**	1.000								
NO_2^-	-0.051	0.001	0.401**	0.508**	-0.159*	0.271**	0.254**	0.458**	1.000							
F^-	-0.390**	-0.125*	0.295**	0.095	-0.261**	-0.194*	-0.195*	-0.130*	-0.032	1.000						
COD	0.384**	-0.040	0.111*	0.140*	0.279**	0.149*	0.127*	0.277**	0.263**	-0.406**	1.000					
TDS	0.523**	0.673**	0.819**	0.858**	-0.299**	0.772**	0.713**	0.773**	0.365**	-0.001	0.147*	1.000				
TH	0.419**	0.235**	0.989**	0.955**	-0.341**	0.462**	0.614**	0.732**	0.440**	0.236**	0.121*	0.853**	1.000			
HCO_3^-	-0.319**	0.195**	0.328**	0.074	0.009	-0.191**	-0.380**	-0.310**	-0.100	0.470**	-0.215**	0.128*	0.249**	1.000		
Fe	0.065	-0.270**	-0.294**	-0.220**	0.510**	-0.030	-0.137	-0.205**	-0.083	-0.220**	0.143*	-0.317**	-0.287**	-0.330**	1.000	
Mn	0.065	-0.230**	-0.185**	-0.083	0.310**	0.027	0.133*	-0.036	-0.022	-0.182**	0.004	-0.183**	-0.161**	-0.428**	0.711**	1.000

注：***表示99%置信区间同显著，**表示95%置信区间同显著，*表示95%置信区间同显著；总硬度以$CaCO_3$计。

表 5.6　　　　　　　　　　　**KMO 和 Bartlett 检验结果**

取样足够度的 Kaiser-Meyer-Olkin 度量		0.597
Bartlett 的球形度检验	近似卡方	1943.260
	D_f	120
	Sig.	0.000

　　表 5.7 解释了总方差的 83.70%，表明可以较好地代表原始水质数据的特征。五个公因子分别解释了总方差的 31.75%、15.51%、13.35%、12.97%、10.12%。然后进行正交旋转，得到旋转成分矩阵（又称为因子载荷矩阵，见表 5.8）。

表 5.7　　　　　　　　　　　**总 方 差 解 释 表**

成分	初始特征值			提取平方和载入			旋转平方和载入		
	合计	方差的/%	累积/%	合计	方差的/%	累积/%	合计	方差的/%	累积/%
F1	6.329	39.559	39.559	6.329	39.559	39.559	5.080	31.753	31.753
F2	2.940	18.378	57.937	2.940	18.378	57.937	2.482	15.511	47.264
F3	1.609	10.055	67.992	1.609	10.055	67.992	2.136	13.351	60.615
F4	1.279	7.993	75.985	1.279	7.993	75.985	2.075	12.968	73.583
F5	1.234	7.715	83.700	1.234	7.715	83.700	1.619	10.117	83.700
F6	0.962	6.012	89.712						
F7	0.435	2.719	92.431						
F8	0.360	2.248	94.679						
F9	0.291	1.819	96.498						
F10	0.207	1.294	97.792						
F11	0.157	0.984	98.776						
F12	0.141	0.883	99.659						
F13	0.049	0.308	99.966						
F14	0.004	0.023	99.989						
F15	0.001	0.007	99.996						
F16	0.001	0.004	100.000						

表 5.8　　　　　　　　　　　**旋 转 成 分 矩 阵**

水化学指标	成　　　分				
	F1	F2	F3	F4	F5
K^+	0.388	0.372	0.493	0.052	0.297
Na^+	0.051	0.939	−0.068	−0.196	−0.010

水化学指标	成 分				
	F1	F2	F3	F4	F5
Ca^{2+}	0.930	0.182	−0.187	−0.120	−0.070
Mg^{2+}	0.940	0.235	0.067	−0.056	−0.028
NH_4^+	−0.304	0.046	−0.306	0.343	0.561
Cl^-	0.371	0.798	0.204	0.069	0.053
SO_4^{2-}	0.610	0.379	0.550	0.021	−0.083
NO_3^-	0.779	0.190	0.450	−0.128	0.098
NO_2^-	0.609	−0.188	0.053	−0.055	0.220
F^-	0.224	−0.226	−0.541	−0.084	−0.592
COD	0.219	−0.053	0.136	0.019	0.872
TDS	0.751	0.630	0.048	−0.162	0.013
TH	0.952	0.207	−0.100	−0.112	−0.062
HCO_3^-	0.087	0.100	−0.896	−0.258	−0.099
Fe	−0.157	−0.094	0.076	0.889	0.158
Mn	−0.019	−0.077	0.274	0.880	−0.109

第一公因子（F_1）主要由 Ca^{2+}、Mg^{2+}、SO_4^{2-}、NO_3^-、NO_2^-、TDS、TH 组成。研究区内较高的 TDS，TH、Ca^{2+}、Mg^{2+} 含量主要来源于原生地质环境，可能途径为长期水岩相互作用导致的地下水中离子含量的稳定化。研究区历史水质资料表明，在地下水开采量较小、未集中开采且区内水井仅作为民用自备井时，地下水中 TDS、TH、Ca^{2+}、Mg^{2+} 含量相对于集中开采后较低，说明开采情况下会加强研究区水岩相互作用，从而增加水体中 Ca^{2+}、Mg^{2+} 离子的含量。同时，开采形成局部地下水降落漏斗，漏斗区地下水位下降，水位面与表层细砂土、黏土层距离增加，毛细上升高度降低，表层盐分因子在淋滤作用下下渗，富集到含水层上部区域，当降水集中或地下水位波动变化相对较大时，盐分溶解进入地下水中，根据丰水期初期地下水中 TDS 和 TH 较高可以得证。此外，地下水的开采造成河流反向补给地下水，根据呼兰河水质分析结果可知河水中 NO_3^-、NO_2^- 含量较高，水力场的变化使河水中的 NO_3^-、NO_2^- 进入地下水。综上，F_1 归结为地下水开采引起的水岩相互作用与水力场变化。基于上述因子的强正相关性，选取 TDS 作为 F_1 因子的代表性指标。

第二公因子（F_2）主要由 Na^+、Cl^- 组成。地下水中 Cl^- 占主导作用时主要是由于人类活动造成的污染所致。Cl^- 含量的增加往往会促使地下水中 Na^+ 含量的增长以维持阴阳离子平衡。已有研究通过氯同位素分析地下水氯离子的迁移转化及来源分析，阐明了地下水中氯盐的污染多由人类活动所致（张梦南等，2014）。此外，F_2 中总 Fe 和 Mn 都呈现反向荷载，结合相关性分析结果，得知总 Fe、Mn 与 Na^+、Cl^- 来源应完全不同，而研究初步判定地下水中总 Fe 和 Mn 来源于原生地质环境。因此，F_2 归结为人类活动污染。

第三公因子（F_3）构成复杂，正向荷载较强的有 K^+、SO_4^{2-}、NO_3^-。研究区西部农业活动频繁，长期的农业活动使地表硝酸盐氮、未滞留于植物体中的硫酸钾肥通过淋滤作用下渗进入地下水中。HCO_3^- 有极强的反向荷载，而硫酸钾肥等肥料的施用会促进形成氧化环境，从而降低地下水中 HCO_3^- 离子的含量。因此，F_3 归结为农业活动。

第四公因子（F_4）主要由总 Fe 和 Mn 组成。整个东北地区受构造运动影响，Fe、Mn 的整个地质环境背景值普遍偏高，且二者对于 F_4 均有很高的正向荷载，而与其他水质因子的相关性一般，所以，第四公因子归结为原生地质环境影响。

第五公因子（F_5）主要由 COD、NH_4^+ 组成。工业污水中的排放后，水中的有机物易污染埋深较浅的地下水，使地下水的 COD 升高，同时，化肥工业生产活动过程中会产生大量的高浓度 NH_4^+，有机组分的厌氧菌降解也会使 NH_4^+ 浓度升高。因此，F_5 归结为工业活动。

5.1.4.4　筛选结果判别

1. 监测指标获取

通过研究区水质状况源解析得知，研究区地下水水质状况主要受地下水水岩相互作用、人类活动污染、农业活动、原生地质环境和工业活动影响。通过因子荷载分析与主成分提取，将原有水质指标可筛选为 TDS、COD、Cl^-、NH_4^+、NO_3^- 五个水质代表性指标，其中，TDS、COD 作为在线监测指标，Cl^-、NH_4^+、NO_3^- 提高监测频率，Cl^-、NH_4^+ 监测频率由原来的每月一次提高到每星期一次，NO_3^- 监测频率由原来的每半年一次提高到每季度一次。

2. 筛选结果判别

（1）为保证预警的准确性和预警精度，表 5.1 中所规定必测项目不应删减，但应结合因子分析结果做具体调整。

（2）根据因子分析结果获得影响水源地及周边区域水质状况的主成分，选取特征值大于 1 的成分矩阵，通过成分旋转矩阵和相关分析将水质指标归类，并进行源解析，根据源解析结果选择综合替代性指标。

（3）对选取的综合替代性进行指标筛选原则论证，保留合适的监测指标，供在线监测使用，结合常规监测指标筛选结果及污染源调查结果，最终获得水源地水质监测指标。

（4）经过水源地实地情况论证，从水源地水质监测指标系统中选择 TDS、COD 作为在线监测指标，Cl^-、NH_4^+ 监测频率为每星期一次，NO_3^- 监测频率为每月一次。

5.1.4.5　预警级别判定及措施方法

常规监测指标的预警级别判定可直接根据单项指标的浓度，获得每个检测指标的预警判定值；在线监测及频率加高监测指标由于是通过地下水源解析得出，五个公因子的主正向荷载成分能够代表该公因子的状况，所以直接用最终筛选出的 TDS、COD、Cl^-、NH_4^+、NO_3^- 五个替代性水质指标进行预警级别划分，级别划分方式采取等效替代法，即用五个替代性水质指标的浓度值对应常规监测情况下的预警级别划分表进行警戒判定。上述判定结果中，选取水质因子的最高预警级别作为判定结果。

选用利民水源地二水厂 2016 年 1—8 月水源井在线源水监测数据，根据式（5.2）进行预警级别计算判定。经过分析计算，ρ（TDS）、ρ（Cl^-）和 ρ（NO_3^-）3 项指标的预警级别均为零级。ρ（COD_{Mn}）和 ρ（NH_4^+）的分布规律如图 5.3 所示。用式（5.2）拟合计算

ρ（COD_{Mn}）与 ρ（NH_4^+）的变幅指数分布变化，如图 5.3 所示。从图 5.3 可以看出 ρ（COD_{Mn}）及 ρ（NH_4^+）的分布规律显示两项指标监测值最大波动变幅均在 1～2 之间，对照上述的预警级别划分标准，ρ（COD_{Mn}）及 ρ（NH_4^+）均为一级预警。基于保守角度考虑，研究区水质安全预警级别为一级，需采取相应的预警措施，加强对出现该级预警取水井的水质监测。

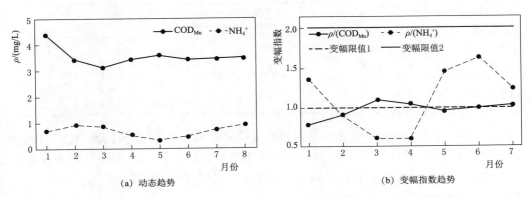

(a) 动态趋势　　　　　　　　　　(b) 变幅指数趋势

图 5.3　2016 年 1—8 月 ρ（COD_{Mn}）及 ρ（NH_4^+）动态趋势及其变幅指数趋势

5.1.5　呼兰区水质变幅的傍河水源地水质预测预警技术应用

以哈尔滨市呼兰区水源地为对象，开展基于水质变幅的水质预测预警技术案例研究。

5.1.5.1　指标筛选

利用 SPSS 20.0 软件对地下水水质数据进行指标筛选。根据采样测试分析的连续性和测试结果的代表性，考虑到受取样方法及分析测试精度等因素影响，加之呼兰开发区周边农业活动较为频繁，地下水水质受其影响可能性较大。最终选择 K^+、Na^+、Ca^{2+}、Mg^{2+}、NH_4^+、HCO_3^-、Cl^-、SO_4^{2-}、NO_3^-、NO_2^-、Fe、Mn、TH、TDS、COD_{Mn}、pH 值共 16 个水质参数供因子分析，其中 pH 值仅作基础统计分析，不参与主成分分析过程。以上指标代表地下水的水化学性质、有机属性、水质污染状况，且包括了所有研究区地下水水质测试过程中超标的水质参数，能够表征研究区的整体水质状况。为进一步整体掌握呼兰水源地水质的整体状况，以地下水Ⅲ类标准为依据，对研究区 32 个地下水位监测井的水质超标率进行统计分析并绘制柱状图，如图 5.4 所示。

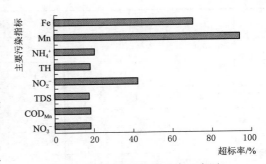

图 5.4　主要污染物超标率示意图

从图 5.4 可以看出，Fe、Mn 超标率均在 60% 以上，且 Mn 超标率超过 90%，表明水源地水质状况受原生地质环境影响较大，Fe、Mn 金属离子对研究区内地下水质影响较大；其次 NO_2^- 超标率超过 40%，表明氨氮对研究区地下水环境存在一定程度影响；此外，NO_3^-、COD_{Mn}、TDS、TH、NH_4^+的超标率均接近20%，表明研究区地下水整体污染严重。

5.1.5.2　水质状况源解析

1. 数据标准化及相关性检验

本次研究选取反映地下水化学类型的15项指标进行R型因子分析。首先采用均值插补法和检测限替代未检出项对原始数据缺失的部分进行处理以提高数据质量，其次采用极差标准化方法对原始数据进行

表 5.9　KMO 和 Bartlett 检验结果

取样足够度 Kaiser-Meyer-Olkin 度量		0.511
Bartlett 的球形度检验	近似卡方	1571.422
	自由度 df	210
	显著性水平 Sig	0

标准转换，通过KMO和Bartlett球形检验对变量间的相关程度进行检验，计算结果见表5.9。其中KMO测度为0.511，大于0.50，表明适合做因子分析。Bartlett球度检验统计量1571.422，检验的P值接近于0，表明15个变量之间有较强的相关关系。

2. 因子分析

通过SPSS软件进行因子分析计算得到各水质指标的特征值以及方差贡献率，结果见表5.10。公因子个数确定依据Kaiser标准为特征值大于1的原则。特征值是一个因子关于所有变量的因子载荷平方总和，是各因子解释观察值方差的测量尺度。本次研究共提取了4个公因子，累积方差贡献率为77.452%，表明4个因子较为集中地反映了总影响因素77.452%的信息量。

为使各公因子典型代表指标变量更加突出，将因子荷载矩阵进行正交转换，旋转后各指标荷载向1或0两极化转换，与公因子相关性最强的主要指标离子在表5.11中体现。

表 5.10　　解 释 的 总 方 差

成分	初始特征值			提取平方和载入			旋转平方和载入		
	Total	方差/%	累积/%	合计	方差/%	累积/%	合计	方差/%	累积/%
1	6.455	37.973	37.973	6.455	37.973	37.973	5.415	31.852	31.852
2	3.545	20.851	58.824	3.545	20.851	58.824	3.363	19.784	51.636
3	1.819	10.697	69.521	1.819	10.697	69.521	2.511	14.770	66.406
4	1.348	7.931	77.452	1.348	7.931	77.452	1.799	10.581	76.987
5	0.988	6.986	84.439	—	—	—	—	—	—
6	0.834	4.905	89.344	—	—	—	—	—	—
7	0.616	3.623	92.967	—	—	—	—	—	—
8	0.416	2.447	95.414	—	—	—	—	—	—
9	0.304	1.786	97.200	—	—	—	—	—	—
10	0.168	0.988	98.188	—	—	—	—	—	—

成分	初始特征值			提取平方和载入			旋转平方和载入		
	Total	方差/%	累积/%	合计	方差/%	累积/%	合计	方差/%	累积/%
11	0.158	0.929	99.116	—	—	—	—	—	—
12	0.075	0.443	99.559	—	—	—	—	—	—
13	0.054	0.320	99.879	—	—	—	—	—	—
14	0.016	0.096	99.975	—	—	—	—	—	—
15	0.000	0.025	100.000	—	—	—	—	—	—

由表 5.11 可以看出，公因子 1（F_1）特征值为 6.455，其贡献率为 37.973%，主要包括 Na^+、Ca^{2+}、Mg^{2+}、SO_4^{2-}、TH、HCO_3^- 和 TDS 水质指标。公因子 F_1 作为研究区内影响地下水质的首要因素，包含了地下水 8 大主要离子中的 5 项，其中 Na^+、Ca^{2+}、Mg^{2+}、SO_4^{2-} 和 HCO_3^- 荷载系数均大于 0.80，表明了天然地球化学特性对研究区地下水环境质量的主控影响。研究区地处第四系砂砾孔隙潜水含水层和弱承压水含水层，岩性为砂砾石、砂卵石，含水层具有颗粒松散、粒度粗、径流条件相对较好的特征，促使区内长期水岩相互作用强烈，岩层中钙镁化合物溶滤后变成 Ca^{2+}、Mg^{2+} 离子进入地下水含水层。与此同时，由于呼兰水源地集中开采形成局部地下水降落漏斗，促使潜水面与表层细砂土、黏土层距离增加，毛细上升高度降低，表层盐分通过淋滤作用下渗，富集到含水层上部区域；当降水集中或地下水位波动变化相对较大时，盐分溶解进入地下水中，导致地下水中的基础离子浓度增加。综上所述，F_1 归因为水岩相互作用因子，引起基础离子的迁移和富集。

表 5.11 旋转因子的荷载矩阵

水化学指标	成 分			
	F_1	F_2	F_3	F_4
Ca^{2+}	0.900	0.261	0.088	0.070
Mg^{2+}	0.885	0.119	0.219	−0.057
HCO_3^-	0.820	−0.341	0.410	−0.090
TDS	0.702	0.611	0.027	0.048
Fe	0.220	0.624	0.258	0.200
Mn	0.582	0.578	0.063	0.078
NO_2^-	0.471	0.104	−0.150	−0.338
Na^+	0.870	0.093	0.149	−0.195
SO_4^{2-}	0.801	0.431	−0.127	0.202
Cl^-	0.446	0.764	−0.150	0.211
NH_4^+	0.043	0.004	0.969	0.042

续表

水化学指标	成　　分			
	F_1	F_2	F_3	F_4
K^+	0.323	0.003	0.900	−0.099
TH	0.781	0.192	0.068	0.256
NO_3^-	−0.158	0.261	0.777	−0.172
COD_{Mn}	0.034	0.021	−0.035	0.921

公因子 2（F_2）特征值为 3.545，贡献率为 20.851%，主要包括 Fe、Mn 两项水质指标。研究区埋藏有较厚的第四系全新统及上更新统的砂、砂砾石层，含有丰富的 Fe、Mn 元素，黏性土中铁染现象普遍，富含铁锰质结核。地下水中 Fe、Mn 元素含量随岩土中元素含量增高而增高，含水介质和上覆土层中富含 Fe、Mn 元素是导致地下水中 Fe、Mn 含量较高的主要因素。含水层中夹有大量淤泥质黏土，孔隙细小，地下水补排条件差，运动缓慢且交替微弱，从而形成了封闭性好、地下径流滞缓、富含有机质的还原环境，为 Fe、Mn 聚集提供了条件。此外 Fe、Mn 均为变价元素，其活动性在不同氧化还原环境中不同。当丰水期时，地表水、大气降水入渗补给地下水，此时包气带及含水层中含有的 Fe、Mn 氧化物与有机物发生氧化还原反应，即：

$$CH_2O+Fe_2O_3+2\,H^+ =\!=\!= 2\,Fe^{2+}+CO_2+2\,H_2O$$

$$CH_2O+2MnO_2+3\,H^+ =\!=\!= 2\,Mn^{2+}+HCO_3^-+2\,H_2O。$$

区内地下水补给来源主要包括大气降水渗入补给、丰水期呼兰河侧向渗入补给、相邻地下含水层的侧向径流补给。由于广大高平原、河谷平原地势平坦，加上表层黑土疏松，极利于降水入渗，土层中 Fe、Mn 元素以 Fe^{2+}、Mn^{2+} 形态溶解、运移到地下水中，使 Fe^{2+}、Mn^{2+} 富集含量较高，其为研究区地下水中 Fe、Mn 含量高的另一个主要因素。综上所述，研究初步判定地下水中 Fe、Mn 来源于原生地质环境。因此，F_2 归结为原生地质环境影响因子。

公因子 3（F_3）特征值为 1.819，贡献率为 10.697%，主要以 NH_4^+、NO_3^- 和 K^+ 为主要荷载变量，其中 NH_4^+ 载荷系数最高，反映了研究区营养化元素的浓度变化特征。人类活动致使氮素进入研究区地下水系统的主要途径包括农业生产施用化肥、农灌水下渗的面状污染、生活污水与工业废水未经处理排入河流、水源开采条件下河水补给地下水的条带状污染。河水—地下水之间所存在的密切水力联系与农用氮肥和钾肥污染结合，为氮素和钾污染物渗入地下水系统提供了通道。此外，含水层岩性分布对氮素转化具有控制作用；由于颗粒细的含水层中有机物含量和养分高，地下水处于相对还原的环境，以还原作用为主；颗粒粗的含水层中有机物含量低，地下水处于相对氧化的环境，以硝化作用为主。研究区具有大面积农田耕地，所以有大量残留的化肥、农家肥。NH_4^+ 是"三氮"转化过程中的还原态物质，农业施肥伴随大气降水和灌溉水经溶滤作用渗入包气带中，首先被带有负电荷的土壤胶体大量吸附并在适宜温度和 pH 值条件下发生硝化反应，生成 NO_2^-、

NO_3^- 进入地下水中迁移累积。NH_4^+ 和 NO_2^- 则很少能直接进入地下水，只有当排放源污染物排放量大到超出包气带自净能力或污废水直接进入含水层时，地下水才会呈现以 NH_4^+ 为特征污染物的状况。由此可见公因子 F_3 反映了地下水质受人类农业生产活动的影响，归结为农业活动影响因子。

公因子 4（F_4）特征值为 1.348，其贡献率相比于前 3 个公因子较低，仅为 7.931%，主要由 COD 组成，反映了研究区地下水中近似有机物的总量。区内地下水中的有机物污染源主要为生活污水和工业废水任意排放、地下排污管线的渗漏以及工业垃圾的渗滤液；尤其是现代工业中，氯代溶剂已经广泛应用于脱脂、干洗等工艺中，生产后的产物已在当今一些城市中普遍出现，对地下水质的危害很大。据《2005 年哈尔滨重点污染源报告书》，2005 年哈尔滨市区工业废水排放量为 2172.85 万 t，工业废水中主要污染物 COD 排放量为 5365.39t。废水经管道排放时极易泄露，加上含水层上部包气带为粉质黏土且较薄，废水便直接进入含水层污染地下水。废水中含有大量的有机物质，在水体中降解时要消耗大量的溶解氧，引起水质变黑发臭。另外工厂露天堆放的废渣中含有多种有害物质，有的甚至有剧毒。经日晒、风吹和雨淋，废渣中的这些物质被淋溶，随水渗入地下污染地下水。

5.1.5.3 筛选结果判别

（1）为保证预警的准确性和预警精度，所规定必测项目不应删减，但应结合因子分析结果做具体调整。

（2）根据因子分析结果获得影响水源地及周边区域水质状况的主成分，选取特征值大于 1 的成分矩阵，通过成分旋转矩阵和相关分析将水质指标归类，并进行源解析，根据源解析结果选择综合替代性指标。

（3）对选取的综合替代性进行指标筛选原则论证，保留合适的监测指标，供在线监测使用，结合常规监测指标筛选结果及污染源调查结果，最终获得水源地水质监测指标。

（4）经过水源地实地情况论证，从水源地水质监测指标系统中选择 TDS、COD 作为在线监测指标，Cl^-、NH_4^+ 监测频率为每星期一次，NO_3^- 监测频率为每月一次。

本次研究选用呼兰区水源地一、二水厂 2013 年 6 月至 2014 年 7 月期间出厂水的水质监测数据，根据式（5.2）进行预警级别计算判定。经过分析计算，TDS、铁和氨氮的监测浓度值变幅指数分布规律如图 5.5 所示。

由图中可以看出，一水厂 2013 年 6—7 月出厂水中指标 Fe 监测值的变幅指数 $K=2.5$，对照前文的预警级别划分标准，此时应启动二级预警；在 2013 年 8 月之后，三项水质指标变幅均较为平稳，K 值稳定在 1 左右，对照预警级别划分标准，预警级别应为零级（$K<1$）或一级（$K \geqslant 1$）。二水厂 2014 年 1—2 月出厂水中指标 Fe 监测值的变幅指数 $K=2$，对照前文的预警级别划分标准，此时应启动二级预警；而此时间前后三项指标水质变幅都较为平稳，K 稳定在 1 左右，对照预警级别划分标准，预警级别应为零级（$K<1$）或一级（$K \geqslant 1$）。

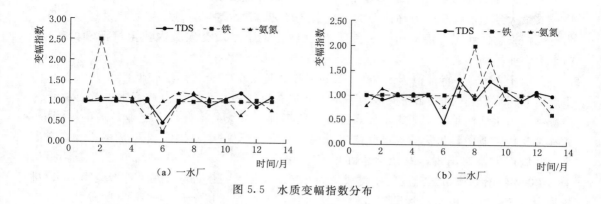

图 5.5　水质变幅指数分布

5.2　基于过程模拟的傍河水源地水质预测预警技术

当研究区域存在足够监测数据或污染源调查结果时，可根据监测及污染源调查结果对特征污染物进行迁移模拟，获得特征污染物到达水源地开采井在一定时间步长的浓度分布，从而得到以水源地为中心的更大范围内的水质安全预警结果。提高预警工作的主动性和对污染状况的掌控能力，以便提前采取应对措施，更好地保障水质安全。

该技术侧重在区域上确定污染源可能对水源地造成污染影响的状况模拟，实现对水源地水质变化的预判作用。即根据对水源地外围调查确定污染源状况，通过数值模拟计算获取在既定时间尺度上污染物的最终分布状况，确定其对水源地水质的影响等级。以便提前采取应对措施，更好地保障水质安全。

此外，本项技术更适宜于突发污染事件可能对傍河水源地造成的影响预警分析。

5.2.1　污染源调查

地下水污染源及污染特征调查的目的是查明区域地下水可能污染物来源和污染状况，为地下水污染迁移转化模拟提供现状依据。地下水污染源及污染特征调查的目的层为包气带、潜水含水层和岸滤系统。调查评价对象为包气带及地下水水质和污染状况。

针对典型污染组分，必要时应开展相应的室内实验，用以补充必要的模型参数。其中，对于无机污染组分，在了解其溶解性的基础上，对于无机类特征污染物主要开展土柱淋溶实验、吸附/解吸实验、污染组分在渗流槽中的迁移实验等；而针对有机特征污染物迁移转化机理研究主要开展溶解性实验、挥发性实验、吸附/解吸实验、生物降解实验、土柱淋溶实验、特征污染物组分在渗流槽中的迁移实验等。

5.2.2　污染迁移模型的构建

根据水源地所在区域水文地质条件构建特征污染物迁移模型，实现对污染组分的过程模拟，获取在水源地开采条件下的污染物迁移的时空过程及影响范围。主要包括的技术环节有：概念模型的建立、边界的确定、含水层的划分、参数的率定、水源地开采井的设定、水流模型的校正、污染源强的确定、污染物时空迁移模拟等。其中以建立傍河水源地潜水－承压水的非稳定流模型为核心工作。

5.2.2.1 水流模型

$$
\begin{cases}
\dfrac{\partial}{\partial x}\left(T\dfrac{\partial H}{\partial x}\right)+\dfrac{\partial H}{\partial y}\left(T\dfrac{\partial H}{\partial y}\right)+\dfrac{\partial H}{\partial z}\left(T\dfrac{\partial H}{\partial z}\right)+W=E\dfrac{\partial H}{\partial t} \quad x,y,z\in\Omega,\ t>0 \\[2mm]
H(x,y,z,0)=H^{D}(x,y,z) \quad x,y,z\in\Omega \\[2mm]
H(x,y,z,t)\mid_{\Gamma_1}=H^{1}(x,y,z,t) \quad x,y,z\in\Gamma_1,\ t>0 \\[2mm]
T\dfrac{\partial H}{\partial n}\mid_{\Gamma_2}=q(x,y,z,t) \quad n\text{为外法线}\ x,y,z\in\Gamma_1,\ t>0
\end{cases}
$$

$$
W=\varepsilon(x,y,z,t)-\sum_{i=1}^{r}Q_L\delta(x-x_L,\,y-y_L,\,z-z_L) \tag{5.3}
$$

$$
T=\begin{cases}T & \text{承压区} \\ K(H-B) & \text{潜水区}\end{cases}
$$

$$
E=\begin{cases}\mu^{*} & \text{承压水} \\ \mu & \text{潜水区}\end{cases}
$$

式中　　　　　　　　Γ——区域边界，其中 Γ_1 为一类边界，Γ_2 为二类边界；

$q(x,y,z,t)$——单位宽度补给量，$\mathrm{m^3/(d\cdot m)}$；

$\varepsilon(x,y,z,t)$——单元补给强度，m/d；

Q_L——第 L 口井开采量（$L=1,2,\cdots,v$）；

$\delta(x-x_L,\,y-y_L,\,z-z_L)$——点 (x_L,y_L,z_L) 处的 δ 函数；

$H(x,y,z,t)$——区内任一点水头标高，m；

B——含水层底板标高，m。

5.2.2.2 溶质运移模型

根据研究区水质分析结果及污染源调查结果，发现河流及地下水中多处氨氮含量存在超标状况，部分点位氨氮超标严重，且研究区范围内农业活动频繁，氨氮对人体危害较大，所以选定氨氮为目标污染物。

本研究建立的溶质运移模型描述的是饱和带过程模拟的二维对流-弥散问题，氨氮作为特征污染物在地下水系统中会经历一系列的水文地球化学变化过程，这些变化过程主要包括对流-弥散、吸附解吸作用、硝化和反硝化作用。根据上述分析结果，氨氮在地下水系统中的运移模型可以概化为式（5.4）（水流方向同坐标轴方向一致）。

$$
\begin{cases}
\theta R\dfrac{\partial c}{\partial t}=\dfrac{\partial}{\partial x_i}\left(\theta D_{ij}\dfrac{\partial c}{\partial x_j}\right)-\dfrac{\partial}{\partial x_i}(q_i c)+q_s c_s-\lambda\theta c-\lambda\rho_b\bar{c} \\[2mm]
c(x,y,t)\mid_{t=0}=c_0(x,y) \quad (x,y)\in\Omega \\[2mm]
-D_{ij}\dfrac{\partial c}{\partial x_j}+cv\mid_{\Gamma}=q(x,y,t)c_q \quad t>0,\ (x,y)\in\Gamma
\end{cases} \tag{5.4}
$$

式中　　θ——含水层的孔隙度，（无量纲）；

R——延迟因子；

t——时间；

Γ——柯西边界；

Ω——模拟渗流区；

c——溶液中硝酸盐氮浓度值，mg/L；

$\bar{c}$——溶质组分的浓度，mg/L；

D_{ij}——水动力弥散系数张量，m²/d；

v——孔隙中实际水流速度，m/d；

q_s——单位时间从单位体积含水层流入或流出的水量，d⁻¹；

c_0——初始溶质浓度，mg/L；

c_s——源汇项溶质的浓度，mg/L；

c_q——边界流量所对应的溶质的浓度，mg/L。

通过上述数值模拟计算获取在既定时间尺度上污染物的最终分布状况，以此作为实现动态预警的源项。

5.2.3　水质预警级别划分

通过以上的数值模拟计算获取目标污染物不同时间步长的输出结果（即目标污染物在既定时间尺度上的浓度分布），进而确定相应的预警级别。采用《地表水环境质量标准》（GB 3838—2002）和《地下水质量标准》（GB/T 14848—2017）中规定的Ⅱ类、Ⅲ类限值作为判别模拟结果对应预警级别的判定依据。当特征污染物不在上述两标准中时，以《生活饮用水卫生标准》（GB 5749—2006）中规定的不危害人体健康的最低限值为判定依据。①根据水源地预警需求，设定模拟时间；②根据模拟结果，采取预警措施不得晚于污染物为Ⅱ类临界值、到达距离取水口500m处时；③判断预警级别时，从劣不从优。基于迁移模拟预警等级划分结果见表5.12。

表 5.12　　　　　　　　　预警等级划分界限

预警等级划分	零级	一级	二级	三级	四级
污染物浓度划分	Ⅱ类及以上	Ⅱ～Ⅲ类	Ⅱ～Ⅳ类	Ⅱ～Ⅴ类	Ⅱ～Ⅴ类及以下
污染物到达取水井时间/d	大于1000	1000～100	100～50	50～30	30 以下

5.2.4　预警措施

5.2.4.1　零级预警、一级预警

零级预警区和一级预警区管理措施以监测和预防为主。

（1）监测：根据所模拟的水源地附近的污染晕，布置监测网，监测污染晕的扩散速度和污染物浓度的变化速率，分析污染晕和污染物浓度的时空变化趋势。

（2）预防。

1）零级预警：零级预警以维持现状为主。

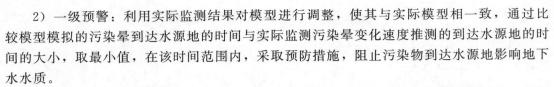

2）一级预警：利用实际监测结果对模型进行调整，使其与实际模型相一致，通过比较模型模拟的污染晕到达水源地的时间与实际监测污染晕变化速度推测的到达水源地的时间的大小，取最小值，在该时间范围内，采取预防措施，阻止污染物到达水源地影响地下水水质。

污染物已到达水源地，但浓度尚未对水质安全构成威胁，采取一定的措施：①关闭监测到污染物的水源井，启动其他未受污染的水源井，增加监测频率，发现监测结果相对稳定且未超标后重新启用该水源井；②切断污染源，将垃圾堆放场移走，并对垃圾和所处位置的土壤进行适当处理；③污染物水流阻断措施，通过注水、曝气、抽提等方式改变污染物运移状况；④提取收集污染物。

5.2.4.2　二级预警、三级预警和四级预警

二级预警、三级预警和四级预警的管理措施以控制和监测为主。

（1）控制：地下水中的污染物浓度值较高，该区内地下水水质已经趋于恶化。在查明地下水污染源和污染途径的基础上，首先应当切断地下水污染源，其次考虑以下控制措施：①改变含水层系统中地下水贮存量，人工注水可起到稀释地下水中污染物浓度的作用，人工抽水可将污染物随地下水一起被抽走，同时人工补给或抽水也可改变地下水流场，改变污染物运移状况；②采用合理的物理化学方法净化已经被污染的地下水，如活性炭吸附等；③在污染较重的包气带可采用生物方法，阻止污染物向含水层系统中扩散；④利用堵塞或截流措施控制地下水中污染物的弥散迁移，防止污染物进入水源地。

（2）监测：二级预警、三级预警和四级预警，地下水中污染物浓度较高，已对地下水水质造成影响，应及时监测，获得污染物状况。也亟须在最短的时间内在充分考虑造成地下水污染的各种影响因素下制定出一套全面、细致的地下水污染监测方案。

具体技术要求为：首先要了解地下水污染特征，监测策略是在地下水污染区域上下游进行多断面、多组分监测，具有针对性地确定出突显的污染物分布范围；其次是根据所确定出的潜在污染源，从其根源追溯其原材料，分析其危害性，详列其所有可能的污染物并进行全面监测；最后是根据污染物分布范围及未来迁移范围，调整地下水监测范围，综合分析地下水水质状况，制定合理的解决方案。

5.2.5　利民区过程模拟的傍河水源地水质预测预警技术应用

5.2.5.1　模型概化

此次研究主要利用 Visual Modflow 软件进行污染物迁移模拟，其 MT3DMS 模块进行地下水组分溶质运移模型。

1. 研究区情况概化

（1）研究区范围及边界条件概化。研究区位于松花江中游段北岸的高、低漫滩区，东侧、南侧为松花江，北侧为呼兰河，西至大马架、宋家岗。模型计算范围如图 5.6 所示网格部分。

通过对松花江水位和岸边观测孔水位观测，发现河水位和两井水位呈现同步变化，

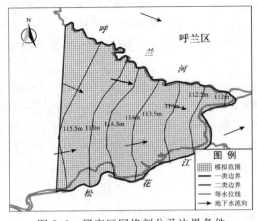

图 5.6　研究区网格剖分及边界条件

河水和地下水联系密切，因此将研究区北、东、南三面河流概化为第一类水头边界。

研究区外围西部，通过钻孔地层资料，与研究区中心地带为同一含水岩组，因此将研究区西侧边界概化为第二类流量边界，研究区水位一般高低于边界水位，区外地下水向内流入。

（2）含水层内部结构概化。研究区地貌从西北到东南依次变化，与地下水类型变化一致。高平原为孔隙承压水，高漫滩为孔隙承压水-孔隙潜水，低漫滩为孔隙潜水。高平原区水位埋深大于 10m，高低漫滩区埋深为 1.5～6.0m。区内含水层厚度西南较薄，向东北逐渐增厚，中部含水层厚度在多在 28～36m。根据勘探孔抽水试验资料，研究区西南部沿江一带的含水层渗透系数为 25～50m/d，向北逐渐增大，含水层渗透系数为35～70m/d。

根据勘探孔的地质及抽水试验资料，确定研究区为非均质含水层，根据水文地质条件及含水层水文地质参数不均一性，将研究区概化为三个水文地质区。各水文地质区概化为均质各向同性含水层。

（3）含水层水力特征概化。研究区内含水层水力特征概化为：①渗流符合达西定律；②水流呈三维流；③水流呈非稳定流。

5.2.5.2　模型识别与校正

根据《哈尔滨市市区地下水资源开发利用规划报告》水文地质调查资料，将研究区含水层概化为 1 层，利用网格法将研究区所在区域剖分为 122×109 个单元，在利民水源地周边进行网格加密，其中非活动单元 4981 个，定水头边界 453 个，通量边界 136 个。区域高程数据为实测结果。根据已有资料及调查结果，获得模型水文地质参数。

1. 渗透系数

根据抽水试验资料研究区含水层渗透系数可分为 1 区、2 区和 3 区（图 5.7）。

2. 源汇项

依据现状地下水用水量概化单元补给强度，大气降水入渗补给由 Recharge 软件包输入模型，蒸发量由 Evapotranspiration 软件包输入模型。哈尔滨市 14 年间大气降水量均值为 0.66m，有效降

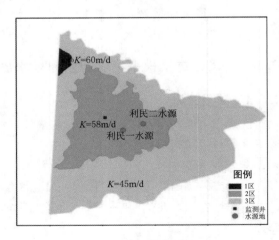

图 5.7　模拟区渗透系数分区图

雨量 0.62m；蒸发量 1.22m，蒸发深度引自 1984 年哈尔滨江北区城市供水水文地质初勘报告取值为 4.20m。各单元补给强度、开采强度及模型单元补给强度见表 5.13。

根据调查统计，研究区内有利民两处水源地和少量村屯居民生活用水自备井，在模型建立时将其概化为局部开采强度。其中，利民水源地 14667m³/d，其他村屯自备井 5500m³/d。

表 5.13 研究区水文地质参数分区、开采强度、大气降水补给强度

参数均值	1 区	2 区	3 区
渗透系数 K/（m/d）	60	58	45
储水率 S_s/（1/m）	0.0000026073	0.0000219820	
给水度 S_y	0.25	0.24	0.21
区域	开采量/（m³/d）	面积/km²	开采强度/（m/d）
利民水源地	14667	6.82	2.15E-3
其他自备井 Q_{tk}	5500	416.00	1.32E-5
地貌单元	有效降雨量/m	降雨入渗补给系数	时间/d
高漫滩	0.62	0.11	458
低漫滩	0.62	0.22	458

3. 模型校正

模型采用正演调参，经计算调整，绘制初始流场的 16 个观测点水位实测值与模型计算值，相关系数 0.90，属高度相关，其中水位计算值与实测值绝对差小于 0.50m 的 13 个点，占总观测点的 81.22%，计算成果见表 5.14。

表 5.14 监测井水位实测值与计算值误差表

监测井编号	实测值/m	计算值/m	误差/m	监测井编号	实测值/m	计算值/m	误差/m
OBW1	115.01	114.48	−0.52	OBW9	111.91	111.95	0.05
OBW2	114.85	114.24	−0.61	OBW10	115.48	115.28	−0.20
OBW3	111.55	112.10	0.55	OBW11	114.54	114.56	0.02
OBW4	112.21	111.73	−0.48	OBW12	114.87	114.52	−0.35
OBW5	111.53	111.94	0.41	OBW13	113.81	113.81	0.00
OBW6	111.88	112.28	0.40	OBW14	114.56	114.73	0.17
OBW7	112.55	112.75	0.20	OBW15	117.32	116.88	−0.44
OBW8	114.05	113.83	−0.22	OBW16	116.26	116.02	−0.24

表 5.15　　　调整后的水文地质参数表

分区	I	II
渗透系数 $K/$（m/d）	58	45
储水率 $S_s/$（1/m）	2.20×10^{-5}	2.01×10^{-5}
给水度 S_y	0.24	0.21
大气降水入渗系数	0.08	0.19

5.2.5.3　过程模拟

已知利民一水源、利民二水源地下水开采强度，根据污染源调查及水质测试分析结果，研究区西部农业种植区为区域主要污染源，污染物为氨氮，因此将西部农田区设置为面源污染。由于采样数据的局限性，为保证模型模拟精度及预警结果的前瞻性，选取农田区氨氮浓度最大值对农田区氨氮浓度进行统一赋值，考虑入渗过程中污染物的衰减作用，设置补给浓度为 4mg/L，模拟时间为 20a。分别获得 1a、5a、10a、20a 后氨氮在研究区的迁移分布状况（图 5.8）。

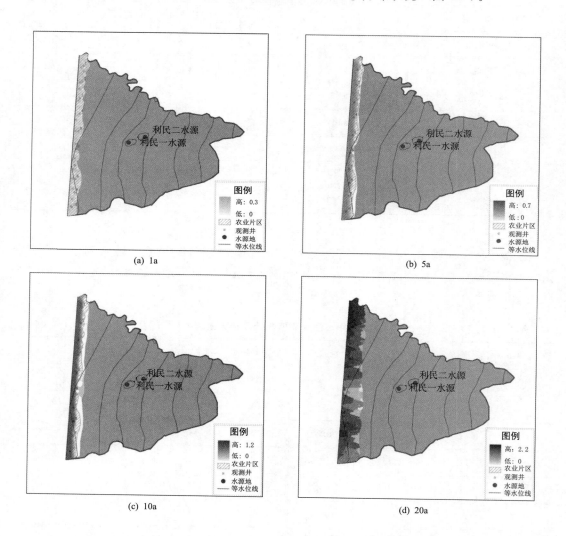

图 5.8　研究区氨氮在迁移 1a、5a、10a、20a 时的分布状况（单位：mg/L）

利用 Visual Modflow 软件内置浓度分析功能，在农业片区内人为设置 10 口等间距南北向分布的浓度观测井用以观测含水层中污染物浓度变化状况，获得农业片区内 20 年期间氨氮的浓度变化曲线图（图 5.9）。各观测井浓度变化趋势相同，到达第 20 年时，最大浓度值为 1 号观测井，即靠近呼兰河区域农田，且 1 号观测井中氨氮观测浓度呈近匀速上升趋势，其他观测井氨氮观测浓度呈减速上升趋势。由研究区渗透系数分区（图 5.7）可知，1 号观测井位于渗透系数最大区域，据此推测渗透系数的差异性影响了 1 号观测井中氨氮的浓度变化速率。

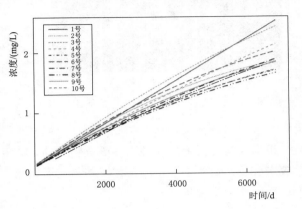

图 5.9　观测井中氨氮浓度随时间变化曲线

同时，结合研究区氨氮污染晕分布状况及观测井中氨氮浓度随时间变化曲线得知：在纵向上，农业片区的氨氮在下渗过程中有一定程度的衰减，20 年后观测井中最大氨氮浓度仍未达到地表污染物浓度值；在横向上，氨氮迁移方向与研究区地下水主流向基本一致，即自西向东，且随着迁移距离的增加，氨氮浓度有明显的降低。

5.2.5.4　预警等级判定

通过以上的数值模拟计算获取目标污染物不同时间步长的输出结果确定相应的预警级别。根据模拟结果可知，位于水源地开采井流场西侧的农业片区中较高浓度的氨氮在迁移 20 年后仍未到达水源地，且 20 年间的迁移速率较慢，最快迁移峰总迁移距离不超过 3 km，距离水源地取水井尚大于 5 km，且经过自然衰减过程，氨氮浓度有所降低，即在相当长一段时间内，研究区西侧农业面源污染不会对水源地取水井构成污染威胁，按照预警级别划分方案，研究区预警级别为零级。

5.2.6　呼兰区过程模拟的傍河水源地水质预测预警技术应用

5.2.6.1　模型概化

1. 研究区范围及边界条件概化

研究区位于松花江中游段北岸的高、低漫滩区，东南侧为松花江，西南侧为呼兰河。模型计算范围如图 5.10 所示网格部分。

通过对松花江水位和岸边观测孔水位观测，发现河水位和两井水位呈同步变化，河水和地下水联系密切，因此将研究区西、南、东三面河流概化为第一类水头边界。

研究区北部，通过钻孔地层资料，与研究区中心地带为同一含水岩组，因此将研究区北侧边界概化为第二类流量边界，当研究区水位低于边界水位时，外界地下水会向流入区内。

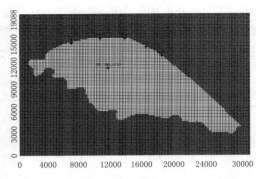

图 5.10　研究区网格部分及边界条件

2. 含水层内部结构概化

研究区内地貌从西北到东南地下水类型分别为：高平原为孔隙承压水、高漫滩为孔隙承压水—孔隙潜水、低漫滩为孔隙潜水。水位埋深：高平原区大于 10m，高低漫滩区在 1.5～6.0m。区内含水层厚度东南较薄，向西北逐渐增厚，中部含水层厚度在多在 28～36m。根据勘探孔抽水试验资料，含水层渗透系数研究区西南部，及沿江一带渗透系数相对较低，在 25～50m/d，向北逐渐增

大，含水层渗透系数在 35～70m/d。

根据勘探孔的地质及抽水试验资料，确定研究区为非均质含水层，根据水文地质条件及含水层水文地质参数不均一性，将研究区概化为三个水文地质区。各水文地质小区概化为各向同性均质含水层。

3. 含水层水力特征概化

研究区内含水层水力特征概化为：①渗流符合达西定律；②水流呈三维流；③水流呈非稳定流。

5.2.6.2　模型识别与校正

根据《哈尔滨市市区地下水资源开发利用规划报告》水文地质调查资料，将研究区含水层概化为 1 层，利用网格法将研究区所在区域剖分为 $100 \times 150 \times 1$ 个单元。区域高程数据为实测结果。根据研究区含水层渗透系数的差异性，将模拟区划分为三个区域：1 区、2 区和 3 区。根据已有资料及调查结果，获得模型水文地质参数，详见图 5.11 和表 5.16。

1. 渗透系数

根据勘探孔抽水试验资料，含水层渗透系数在西南部沿江一带渗透系数相对较低，为 25～50m/d，向北逐渐增大，含水层渗透系数在 35～70m/d 之间。

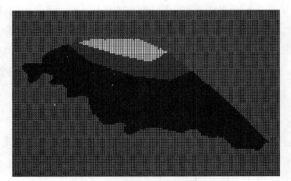

图 5.11　参数分区图

2. 源汇项

根据区内气象水文条件来概化单元补给强度，大气降水入渗补给由 Recharge 软件包输入模型，蒸发量由 Evapotranspiration 软件包输入模型。哈尔滨市大气降水量均值为 0.66m，有效降雨量 0.62m；蒸发量 1.22m，蒸发深度引自 1984 年哈尔滨江北区城市供水水文地质初勘报告取值为 4.20m。

根据调查统计，研究区内有一处水源地和少量村屯居民生活用水自备井，在模型建立

时将其概化为局部开采强度，水源地开采量为33000m³/d。

表 5.16   研究区水文地质参数分区

参数均值	1 区	2 区	3 区
渗透系数 K/（m/d）	55	45	25
给水度 S_y	0.26	0.26	0.26

3. 模型校正

模型采用正演调参，调整后的水文地质参数见表5.17；经计算调整，绘制初始流场的观测点水位实测值与模型计算值，相关系数为0.90，属高度相关。

表 5.17   调整后的水文地质参数表

分　区	1 区	2 区	3 区
渗透系数 K/（m/d）	58	45	28
给水度 S_y	0.26	0.26	0.26
大气降水入渗系数	0.19	0.08	0.06

5.2.6.3　过程模拟

通过搜集前期资料及实地调查掌握水源地污染源分布和目标污染物的初始浓度，并根据调查结果来设置监测井的位置。调查结果显示区内河流及地下水中氨氮含量多处存在超标状况，部分点位氨氮超标严重，且研究区范围内农业活动频繁，选定氨氮为本次模拟计算的目标污染物，设定模拟时间为20年。

根据水源地所在区域水文地质条件构建特征污染物迁移模型，实现对污染组分的过程模拟，获取在水源地开采条件下的污染物迁移的时空过程及影响范围。主要包括的技术环节有：概念模型的建立、边界的确定、含水层的划分、参数的率定、水源地开采井的设定、水流模型的校正、污染源强的确定、污染物时空迁移模拟等。通过数值模拟计算获取在既定时间尺度上污染物的最终分布状况，以此作为实现动态预警的源项。

根据污染源调查及因子分析结果，设定研究区西部农业区氨氮浓度为0.5mg/L，为预警保守起见，不设置污染物自然衰减，溶质运移模拟时间为20年，分别获得100d、1000d、10a、20a后氨氮在研究区的迁移分布状况（图5.12）。

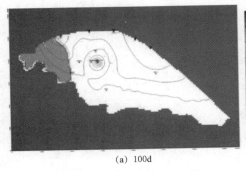
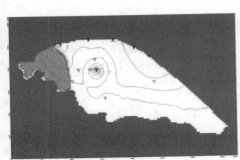

(a) 100d   (b) 1000d

图 5.12（一）　研究区氨氮在迁移100d、1000d、10a、20a后的分布状况

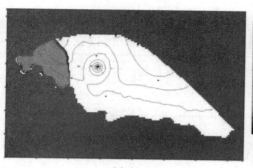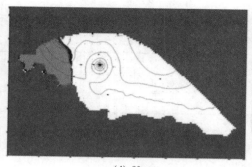

(c) 10a　　　　　　　　　　　　　　　　(d) 20a

图 5.12 (二)　研究区氨氮在迁移 100d、1000d、10a 和 20a 后的分布状况

5.2.6.4　预警级别判定

通过以上的数值模拟计算获取目标污染物不同时间步长的输出结果确定相应的预警级别。根据模拟结果得知，位于研究区西部农业区较高浓度氨氮在迁移 20 年后，污染晕前段尚未到达水源地，氨氮污染组分的浓度值仍未达到预警值，按照预警级别划分方案，研究区水质预警级别为零级。

5.3　基于污染风险评价的傍河水源地水质预测预警技术

基于水质监测及污染动态模拟的预警虽然能对水源地水质安全起到监管及调控作用，但很难满足从整个水源地的汇水区到排泄区综合防控的要求，借助污染风险评价体系，通过将区域环境风险与开采条件下地下水水质的动态变化在水源地各级保护区利用 ArcGIS 进行叠加耦合，获得预警分区，达到综合防控的目的。

5.3.1　预警指标体系的选取

基于地下水污染风险的傍河水源地水质安全预警的主要影响因素包括地下水污染风险及水源地荷载（不同级别保护区地下水功能要求）。污染风险评价系统主要涉及风险源，暴露途径和作用受体。结合傍河水源地特征，本研究选取土地利用类型作为风险源，以地质介质防污性能为暴露途径，地下水水质状况作为风险受体，通过风险计算可以获得地下水污染风险分区。水源地荷载主要包括水源地属性及特征污染物在开采条件下带来的动态影响。

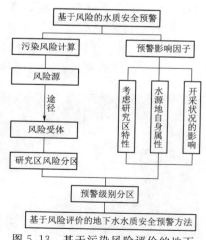

图 5.13　基于污染风险评价的地下水水质安全预警过程图

5.3.2　预警模型

该预警主要以区域地下水污染风险为基础，结合预警因子的选取进行预警，以定量评价方法为主。基于污染风险评价的地下水水质安全预警过程如图 5.13 所示。

5.3.3 各预警因素的评价方法

5.3.3.1 污染风险评价

1. 风险源

风险源种类繁多，通常土地利用类型可以在一定程度上反映风险源信息，因此在研究过程中可以选定土地利用类型为风险源。

2. 作用途径

污染源主要通过地质因素作用于受体，地质因素可以用地质介质的防污性能代表。地下水脆弱性可以反映地质介质抵御污染的能力。本研究选取地下水固有脆弱性评价 DRASTIC 模型为基础对地下水的脆弱性进行评价。DRASTIC 方法选取 7 项因子作为评价指标，即地下水位埋深（D）、含水层的净补给量（R）、含水层的介质类型（A）、土壤类型（S）、地形坡度（T）、包气带介质类型（I）及含水层渗透系数（C）。受区域地层条件差异性及模型自身局限性的影响，DRASTIC 模型主要存在以下缺陷：未充分考虑含水层差异性；各指标间本质上存在关联性，一定程度上缺乏层次性；忽视了单因子的正负效应影响；包气带介质考虑不全面；权重分配不够合理；部分指标资料难以准确获取。基于以上原因此次对 DRASTIC 模型进行改进，获得改进后的 DRASTIC 模型为

$$DASTIC\ 脆弱性指数 = D_w D_r + A_w A_r + S_w S_r + T_w T_r + I_w I_r + C_w C_r \tag{5.5}$$

式中　　w——权重；

　　　　r——相应的评分。

根据计算结果，DASTIC 脆弱性指数越高，区域越容易受到污染，地下水脆弱性相对较高；反之，区域地下水不容易受到污染，脆弱性相对较低。

（1）模型指标改进。改进后的模型对原始 DRASTIC 模型的评价指标只有一处重大改动，即去掉地形坡度（T），增加含水层厚度（T）。

1）去掉地形坡度（T）。地下水系统与地表水流域在整体分布及流向上有一定的相关性与相似性，因此地形坡度在一定程度上反映出地下水的流向及水力梯度。同时，在地形坡度明显的地区，坡度的大小直接关乎污染物的迁移速率。而地形坡度相对较小的地区，该因素是污染物能够入渗的重要前提控制着污染物是否会随坡度的降低而流走还是因坡度无明显变化而留在一定的地表区域而有足够的时间渗入地下。研究区普遍地势缓和，区内无山地、丘陵等地貌发育，因此地形坡度对研究区地下水脆弱性影响不大，故可去掉此项指标。

2）增加含水层厚度（T）。含水层的厚度直接反映了地层对水量的调蓄能力，且在一定程度上决定了含水层对入渗污染物的缓冲能力。根据实际调查结果，发现研究区含水层厚度差异性较大，为使评价结果更加敏感和准确，在评价模型中引入含水层厚度这一指标。

改进后的 DRASTIC 模型参数意义及评分见表 5.18。

（2）指标权重确定。由于现代农业的发展，完全不施用农药的地区几乎不存在，因此本模型按施用农药情况计算。指标的重要性由经验给出，依次是地下水位埋深＞土壤介质＞含水层净补含量＞包气带影响＞含水层介质＞含水层厚度＞含水层水力传导系数。

地下水埋深是浅层地下水最重要的指标，控制着进入到含水层中污染物的数量、强度和

表 5.18　DRASTIC 模型中各参数评分

地下水位埋深 D		净补给量 R		含水层介质 A		土壤介质 S		含水层厚度 T		包气带介质影响 I		水力传导系数 C	
埋深/m	评分	mm/a	评分	介质	评分	介质	评分	厚度/m	评分	介质	评分	C/（m/d）	评分
0~1.5	10	>254	9	岩溶发育灰岩	10	薄层或缺失	10	<20	10	岩溶发育灰岩	10	>81.5	10
1.5~4.6	9	178~254	8	圆砾、玄武岩	9	砾	10	20~23.4	9	玄武岩	9	40.7~81.5	8
4.6~9.1	7	102~178	6	砾砂（砾石）	8	砂	9	23.4~25.2	8	砂砾石、粗砂	8	28.5~40.7	6
9.1~15.2	5	51~102	3	粗砂	7	泥炭	8	25.2~26.2	7	中砂	7	12.2~28.5	4
15.2~22.9	3	0~51	1	薄层状砂岩、灰岩、页岩块状砂岩、灰岩	6	胀缩或凝聚性黏土	7	26.2~26.7	6	层状的灰岩、砂岩、页岩	6	4.1~12.2	2
22.9~30.5	2			中砂	6	砂质壤土	6	26.7~27.7	5	细砂	6	0.04~4.1	1
>30.5	1			细砂	5	壤土	5	27.7~29.4	4	粉砂	5	—	—
—	—			风化的变质岩、火成岩	4	粉砾质亚黏土	4	29.4~32.9	3	变质岩、火成岩	4	—	—
—	—			变质岩、火成岩	3	黏质壤土	3	32.9~39.4	2	页岩	3	—	—
—	—			块状页岩	2	垃圾	2	>39.4	1	粉土/黏土	2	—	—
										—	—		

时间。土壤介质类型直接影响污染物在第一时间的入渗状况，土壤状况会影响污染物在地表的停留时间和去留情况，加之研究区农业较发展，地表污染物如农药、化肥的分布与土壤介质的差异密切相关，因此对于农药类污染物，土壤介质与地下水埋深同等重要。含水层净补给量是污染物进入含水层和在含水层中进行运移的驱动力，其大小直接影响污染物下渗过程，因此含水层净补给量重要性仅次于地下水埋深。包气带直接影响污染物的入渗及衰减过程，是污染物到达含水层的重要屏障，因此包气带影响仅次于土壤介质。含水层介质一定程度上决定了污染物在地下水中的迁移速率，该因子次于土壤介质。含水层厚度指标的确定已于前文说明，其重要性次于包气带影响。含水层水力传导系数反映了含水层介质的水力渗透性能，控制着地下水在一定的水力梯度下水的流动速度，从而控制着污染物在含水层中的迁移速率，研究区内含水层岩性为粗砂、砂卵砾石，渗透性较好，故认为该因素对脆弱性区分不是很大，故列为最次要。

表 5.19　　DRASTIC 模型中各参数的权重赋值

指标	所有污染物	农药类污染物
地下水埋深 D	5	5
含水层净补给量 R	4	4
含水层介质 A	3	3
土壤介质 S	2	5
含水层厚度 T	1	3
包气带影响 I	5	4
水力传导系数 C	2	2

3. 受体

基于傍河水源地水质安全预警的目标，本研究主要考虑地下水水质状况。地下水水质状况可以通过地下水质量评价获得。

根据《地下水质量标准》（GB/T 14848—93）提供的评价方法，可以对获取的水质数据进行单因子评价和综合评价。此次主要采用内梅罗指数法进行地下水质状况综合评价。

首先进行各单项组分评价，划分组分所属质量类别，详见《地下水质量标准》；进而对各类别按表 5.20 分别确定单项组分值 F_i，之后按式（5.6）、式（5.7）计算综合评分值 F。

$$F = \sqrt{\frac{\overline{F}^2 + F_{max}^2}{2}} \tag{5.6}$$

$$\overline{F} = \frac{1}{n}\sum_{i=1}^{n} F_i \tag{5.7}$$

式中　$\overline{F}$——各单项组分评分值 F_i 的平均值；

　　　F_{max}——单项组分评价分值 F_i 中的最大值；

　　　n——参与评价的指标的项数。

根据 F 值，按表 5.21 划分地下水质量级别。

表 5.20　　　　　　　　　　　　　　　F_i 值 分 类 表

类别	I	II	III	IV	V
F_i 值	0	1	3	6	10

表 5.21 　　　　　　　　　　　　　地下水 *F* 值分类表

级别	优良	良好	较好	较差	极差
F 值	<0.80	(0.80, 2.50]	(2.50, 4.25]	(4.25, 7.20]	>7.20

4. 污染风险评价结果

通过风险计算可以获得地下水污染风险分区，水源地地下水污染风险（*R*）由下式计算：

$$R = P_1 W_1 + P_2 W_2 + P_3 W_3 + \cdots + P_i W_i \tag{5.8}$$

式中：P_i——风险评价体系参与指标的评分值；

W_i——指标相应权重。

5.3.3.2 预警影响因子

根据傍河水源地特征，本研究选取水源地保护区分布及动态条件下的特征污染物分布作为预警影响因子。根据国家环保总局发布的《饮用水水源地保护区划分技术方案》（HJ/T 338—2007），需要对供水水源地划分保护区级别。选定水源地区域河流的特征污染物为对象，模拟开采条件下特征污染物迁移对地下水动态的影响。

5.3.3.3 预警区划分及预警限值确定

基于风险的傍河水源地地下水水质安全预警考虑了地下水污染源、脆弱性、水质、地下水动态、特征污染物及河流因素，各因素叠加后划分得到综合预警区，将傍河水源地综合预警区等级确定为五级，各预警区特征见表 5.22。傍河水源地水质安全预警分区计算公式为

$$P = RW + N_1 W_1 + N_2 W_2 + \cdots + N_i W_i \tag{5.9}$$

式中　*P*——预警分区的评分结果；

　　R——区域地下水污染风险评价结果；

　　W——风险权重；

　　N_i——预警因子；

　　W_i——预警因子权重。

表 5.22 　　　　　　　　　　　　　　预 警 区 特 征

预警区	特　征
零级预警区	地下水脆弱性低（防污性能高），地表无污染源分布，地下水受污染的风险小；地下水质量满足Ⅰ、Ⅱ、Ⅲ类标准
一级预警区	地下水脆弱性较低（防污性能较高），地表有零星污染源分布，地下水有一定的污染风险；地下水质量属Ⅲ~Ⅳ类
二级预警区	地下水脆弱性中等（防污性能中等），地表有部分污染源分布，地下水受污染风险中等；地下水质量属Ⅳ~Ⅴ类
三级预警区	地下水脆弱性较高（防污性能较差），地表有大量污染源分布，地下水受污染风险较高；地下水质量属Ⅴ类
四级预警区	地下水脆弱性高（防污性能差），地表存在大量污染源，地下水受污染风险很高；地下水质量属Ⅴ类

5.3.3.4 预警措施

根据基于风险管理的预警级别分区结果，结合污染风险管理体系，对水源地水质安全

预警级别进行划分并制定水源地管理措施（表5.23）。

表 5.23   傍河水源地水质安全预警分级防范措施

预警区级别	风险程度	确定标准	实施方案内容
四级	高	有危险点源及禽畜养殖普遍存在且污染危害程度高、农业与生活污染负荷大、地下水水质已检测出超标、地下水环境脆弱性指数等级划分Ⅳ以上、地下水管理混乱	一级风险防范措施实施方案为在环境条件和经济条件适宜的条件下对地下水环境风险防范措施的最大展开程度，最具紧迫性。一级方案对风险防范措施的实施要求最为严格。一级方案具有时间持久性，必须保证实施时间足够长，投入资金足够多。涉及措施有： 排污口取缔工程 水源保护区隔离工程建设 工业废水、生活污水处理规划 农业面源污染控制规划 畜禽养殖业综合防治工程 垃圾收集、处理与处置工程 污水灌溉控制工程 人工地表水回灌工程 工业布局调整 土地利用类别调控规划 监控体系建设规划 应急体系建设规划
三级	较高	禽畜养殖存在且污染危害程度较高、农业与生活污染负荷较大、地下水水质呈现逐渐严重趋势、地下水环境脆弱性指数等级划分Ⅲ以上、产业控制措施落实不到位	二级方案实施风险防范措施中较为迫切和重点的内容，如遇与级别较高的其他方案相冲突之处，则实施高级方案。涉及措施有： 地下水源保护区隔离工程建设 工业废水、生活污水处理规划 农业面源污染控制规划 畜禽养殖业综合防治工程 垃圾收集、处理与处置工程 工业布局调整 土地利用类别调控规划 监控体系建设规划 应急体系建设规划
二级、一级	中等	为农业与生活污染负荷较大、地下水水质状态较为良好、地下水环境脆弱性指数等级划分Ⅲ以上	三级方案是指污染源对地下水影响较弱，同时地下水水质良好。只实施对地下水水质有利的、迫切需要的重点内容，而且避免与高级别方案相冲突。涉及措施有： 地下水源保护区隔离工程建设 生活污水处理规划 垃圾收集、处理与处置工程 农业面源污染控制规划 生态涵养林建设规划 监控体系建设规划 应急体系建设规划
零级	低级	仅存在生活污染源、地下水水质状态较为良好、地下水环境脆弱性指数较低，防护性能很好	该级别表明地下水系统处于较良好状态，一般来讲这个级别没有具体的实施方案，保持现有状态。主要是需要加强现状监测及采取必要的水源地保护工程

5.3.4　利民区污染风险评价的傍河水源地水质预测预警技术应用

5.3.4.1　污染风险因子评价

1. 风险源

根据研究区资料、研究区遥感解译及野外实际调查结果，获得利民地区土地利用类型分布［图 5.14（a）］，其相应的得分分布［图 5.14（b）］，土地利用类型评分见表 5.24。

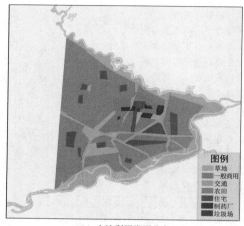
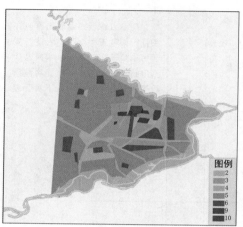

图例
草地
一般商用
交通
农田
住宅
制药厂
垃圾场

图例
2
3
4
5
6
9
10

(a) 土地利用类型分布　　　　　　　　(b) 土地利用类型得分分布

图 5.14　研究区土地利用类型分布及评分

表 5.24　　　　　　　　　土地利用类型评分表

类型	评分	类型	评分
垃圾场	10	交通	4
制药厂	9	一般商用	3
住宅	6	草地	2
农田	5		

2. 脆弱性评价

本次评价根据改进的 DRASTIC 模型评价地下水脆弱性。基于改进后的 DRASTIC 模型计算研究区脆弱性分区，利用 ArcGIS 9.3 空间分析平台对 7 个指标的分布状况进行栅格图形加权迭加，获得研究区地下水脆弱性值的范围为 99～182，将计算结果用 ArcGIS 空间分析平台的等间距分隔法分为 5 个等级；研究区地下水脆弱性分区如图 5.15 所示，不同等级的地下水脆弱性值区间、分布面积和百分比的统计结果详见表 5.25。

根据计算结果及脆弱性状况分布图可知，研究区低脆弱性区主要分布在利民一水源地周边，面积占比最小，仅为 4.75%；较低脆弱性区在研究区分布范围最广，主要分布在低漫滩区；中等脆弱性区分布面积为 199.31 km²；较高脆弱性分区及高脆弱性分区在研究区的分布方位和面积占比相似。

表 5.25   研究区地下水脆弱性面积分布状况

脆弱性分区	脆弱性值	面积/km²	面积占比/%
低脆弱性区	99～116	30.14	4.75
较低脆弱性区	116～132	302.53	47.72
中等脆弱性区	132～149	199.31	31.44
较高脆弱性区	149～165	51.56	8.13
高脆弱性区	165～182	50.46	7.96

3. 受体分布

根据前文受体部分所述的地下水质量评价方法，结合《生活饮用水卫生标准》（GB 5749—2006），获得研究区地下水水质状况见表 5.26、表 5.27。根据评价结果，基于 ArcGIS 9.3 平台，利用克里金插值法对水质级别插值，所得结果状况如图 5.16 所示。

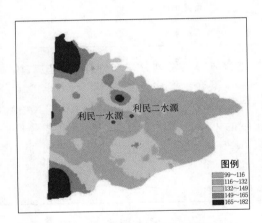

图 5.15 利民开发区地下水脆弱性分布

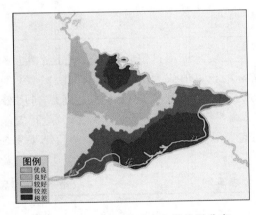

图 5.16 研究区地下水水质状况分布

表 5.26   研究区地下水水质超标状况

超标项目	浓度值范围/（mg/L）	最高超标倍数	超标率/%
总铁	0.08～34.00	113	98.7
锰	0.01～7.14	71	90.79
氨氮	0.02～2.20	2.8	69.74
COD_{Mn}	0.88～7.21	2.4	3.95

表 5.27　　　　　　　　　　　　　　研究区地下水水质状况

水质级别	面积/km²	面积占比/%	状 况 分 析
优良	42.07	6.63	区内主要污染指标均未超标，地下水质量优良
良好	118.41	18.68	区内 NH_4^+、NO_3^- 含量较高
较好	134.26	21.18	区内 NH_4^+、NO_3^- 含量较高
较差	166.55	26.27	主要受 NH_4^+、NO_3^-、NO_2^- 影响，与人类生产生活所施放的化肥农药、工业三废和生活污水等有关
极差	172.70	27.24	呈面状污染，与当地剧烈的人类活动有关

4. 污染风险评价

结合前人研究成果及专家意见，对地下水污染风险评价过程中的源、路径及受体进行权重赋值，具体分布见表 5.28。

表 5.28　　　　　　　　　　　　　风险评价指标体系及权重分配

风险目标	风险评价系统	风险指标	权重
水源地地下水污染风险评价 R	风险源	土地利用类型	0.091
	路径	包气带防污性能	0.051
	风险受体	地下水水质	0.222

在实际应用过程中，为了便于计算及对结果进行风险级别划分，在计算过程中对风险指标的权重值放大 10 倍进行计算。利用 ArcGIS 9.3 平台的栅格计算"Raster Calculator"功能对于风险过程进行计算，随后利用分级"Classified"功能中的自然断点"Natural Breaks"对计算结果分级，结合风险预警级别实际的可行性和便于管理性，级别划分作一定调整，最终划分结果见风险评价结果表征（表 5.29），基于分级结果，绘制分级图（图 5.17）。

表 5.29　　　　　　　　　　　　　地下水污染风险评价结果表征

风险值范围	风险级别分区	风 险 含 义
<50	一级风险区	污染程度低，地下水受污染风险小
50～60	二级风险区	污染程度一般，地下水受污染风险较小
60～70	三级风险区	存在一定程度污染，地下水受污染风险一般，应对污染物加强管理
70～90	四级风险区	污染程度较高，地下水受污染风险较高，需开展污染物治理以保障地下水安全
>90	五级风险区	污染严重，污染物危害地下水安全，应加强水质监测与治理

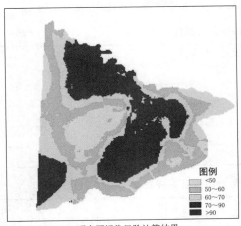

(a) 研究区污染风险计算结果

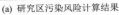

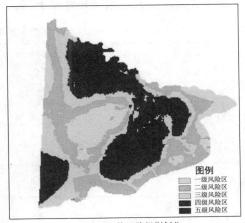

(b) 研究区污染风险级别划分

图 5.17　研究区污染风险计算结果及风险级别划分

5.3.4.2　预警影响因子

根据傍河水源地特征，本研究选取水源地保护区分布及动态条件下的特征污染物分布作为预警影响因子。

1. 水源地保护区划分

根据国家环保总局发布的《饮用水水源地保护区划分技术方案》（HJ/T 338—2007）（以下简称《方案》），需要对供水水源地划分保护区级别。根据含水层介质类型，地下水饮用水水源地可分为孔隙水、基岩裂隙水和岩溶水水源地三类，不同类型的水源地其保护区的划分方式不同，具体划分方法详见《方案》。

研究区水源地属孔隙水型饮用水水源地，当前利民一水源和利用二水源地下水开采量总体小于 $5 \times 10^4 \, \text{m}^3/\text{d}$，按照前文提到的《方案》要求，属于中小型水源地，因此采用经验法对水源地进行保护区划分。

保护区半径计算经验公式：

$$R = \alpha KIT/n \tag{5.10}$$

式中　R——保护区半径，m；

　　　α——安全系数，一般取 150%，为安全起见，实际应用过程中应在理论计算值的基础上增加一定量，以防未来涌水量的增加及干旱影响造成半径的扩大；

　　　K——含水层的渗透系数，m/d；

　　　I——水力梯度（漏斗范围内的平均水力坡度）；

　　　T——污染物水平迁移时间，d；

　　　n——有效孔隙度。

一级、二级保护区半径按经验公式计算，但实际应用值不得小于表 5.30 中对应范围的上限值。

保护区级别划分要求详见《方案》，据此划分研究区利民一水源、利民二水源水源地保护区范围，具体参数取值及计算结果见表 5.31，保护区划分结果如图 5.18 所示。

表 5.30　　　　　　　　孔隙水潜水型水源地保护区范围经验值　　　　　　单位：m

介质类型	一级保护区半径 R	二级保护区半径 R
细砂	30～50	300～500
中砂	50～100	500～1000
粗砂	100～200	1000～2000
砾石	200～500	2000～5000
卵石	500～1000	5000～10000

表 5.31　　　　　　　　研究区水源地保护区划分参数取值及划分结果

参数	取值	参数	取值	保护区级别	半径/m
α	200%	I	0.013	一级保护区	186.93
K	41.19m/d	n	0.8	二级保护区	1869.3

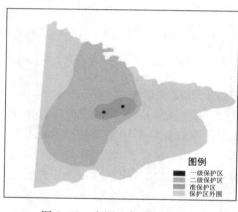

图 5.18　水源地保护区分区图

2. 动态条件下的特征污染物因素

傍河水源地开采条件下会引起水源地与河流水力联系的变化，进而影响地下水动态的变化。根据松花江及呼兰河水质调查结果，结合研究区自身污染物状况，选定特征污染物为氨氮。

根据模拟结果，研究区考虑河流参与的动态条件下的氨氮分布状况与无河流参与的氨氮分布状况基本相同，均为以研究区中部地带（利民水源地所在区域）为中心，向四周呈不规则状浓度递增，到达南北两侧河流边界时浓度基本达到最高值（图 5.19）。相似的分布情况说明，区域尺度下整体而言河流的参与对研究区氨氮分布趋势影响较小。但根据两种情况下研究区氨氮浓度分布，河流参与后，同一浓度等值线向远离河流方向移动，且主要表现在距离河流约 2km 范围内的氨氮浓度分布，说明河流参与后提高了研究区近河区域的氨氮浓度，但对研究区氨氮浓度提高幅度相对较小，最高值从河流参与之前的 1.35mg/L 提高到了 1.5mg/L。

5.3.4.3　预警区划及措施

1. 预警区划分及特征

基于风险的傍河水源地地下水水质安全预警考虑了地下水污染源、脆弱性、水质、地下水动态、特征污染物及河流因素，各因素叠加后划分得到综合预警区，将傍河水源地综合预警区等级确定为五级，各预警区特征见表 5.32。

2. 预警区划分结果

根据综合预警区计算方法，基于 ArcGIS 9.3 平台的栅格计算功能实现预警因子与污染风

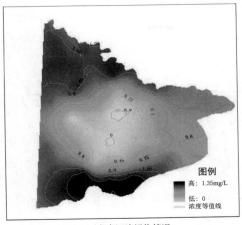

(a) 不考虑河流污染情况

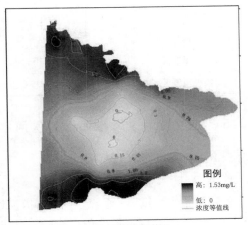

(b) 考虑河流污染情况

图 5.19 考虑河流污染参与前后水源地氨氮分布情况

险评价结果的叠加计算，利用自然打断点"Natural Breaks"功能对计算结果分级，最后运用
GIS平台实现结果的可视化。预警区的分布情况及面积统计见图5.20。

零级预警区：区内地下水系统处于一个较
良好状态。主要分布在研究区中部。利民一水
源、利民二水源均位于该区内，说明两个水源
地取水安全性较高，目前尚无提高预警级别的
需要，应保持现状。

一级预警区：该分区污染源对地下水影响
较弱，地下水水质良好。在研究区分布最为广
泛，面积占比27.31%。

二级预警区：地下水受污染程度较低，地
下水水质较好。在研究区呈环绕一级预警区状
分布，面积为159.67 km²。

三级预警区：地下水受一定程度的污染，
地下水较差。

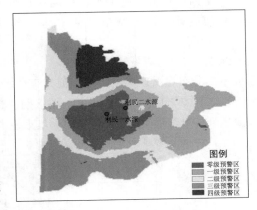

图 5.20 研究区综合预警区划分结果

四级预警区：地下水受到严重污染，水质状况较差或极差，必须采取地下水污染控
制、治理措施。在研究区分布面积最小，面积占比7.78%，主要分布在研究区西北部靠
近呼兰河区域。

总体而言，研究区环境状况相对良好，水源地尚未受到污染威胁，但应加强管理。

表 5.32　　　　　　　　　　　　研究区预警分区分布情况

预警区级别	取值范围	面积/km²	面积占比/%
零级预警区	<0.5	89.95	14.19
一级预警区	[0.5, 0.58)	173.16	27.31

续表

预警区级别	取值范围	面积/km²	面积占比/%
二级预警区	[0.58, 0.66)	159.67	25.18
三级预警区	[0.66, 0.74)	161.89	25.53
四级预警区	≥0.74	49.33	7.78

5.3.5　呼兰区污染风险评价的傍河水源地水质预测预警技术应用

5.3.5.1　污染风险评价

1. 风险源

首先对枯丰两期 31 个点位 15 项指标进行 R 型因子分析，通过 KMO 和 Bartlett 球形检验对变量间的相关程度进行检验。其中枯丰两期的 KMO 测度均大于 0.50，Bartlett 球度检验的 P 值也均接近于 0，表明适合做主成分分析。

通过 SPSS 20 软件进行因子分析计算得到各水质指标的特征值以及方差贡献率，枯丰两季均提取出了 4 个公因子，累积方差贡献率分别为 77.452% 和 85.263%，表明 4 个因子较为集中地反映了水质数据整体绝大部分信息。通过 SPSS 计算获得 31 个监测点位各公因子回归得分，得分越高表明该点位污染越严重，运用 ArcGIS 软件对得分进行反距离权重插值计算，绘制得到枯丰两季各主要污染源在研究区内的空间分布特征，如图 5.21 所示。

从图 5.21 可以看出，研究区枯、丰两季的污染负荷呈现出很大的差别。丰水期的高污染区主要分布在城区附近沿呼兰河岸区域，结合前面的公因子分析可知，污染来源与地表水、地下水之间的交互作用密切相关。枯水期的高污染区点状分布于水源地附近北部及西部城区，大面积分布于东部乡镇、工业区，污染来源主要为人类活动，部分为地表水污染影响。

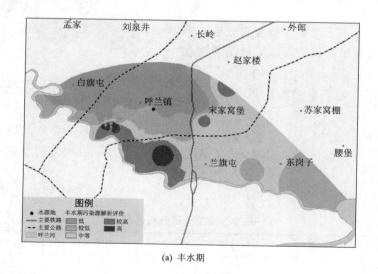

(a) 丰水期

图 5.21（一）　丰水期和枯水期污染风险源空间分布

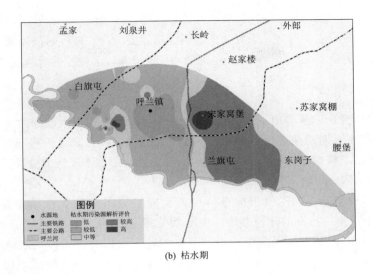

(b) 枯水期

图 5.21（二）　丰水期和枯水期污染风险源空间分布

　　由于枯水期降水减少，地下水整体水量下降且受到地表水补给，使得高污染区的分布范围比丰水期更广泛。枯水期水源地周边分布有高污染负荷，为临近城区及乡镇的人类活动影响，与丰水期相比较可看出，人类活动对地下水环境的影响更为强烈，有可能会危及水源地的水质安全。

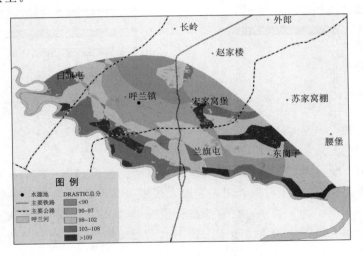

图 5.22　呼兰研究区地下水固有脆弱性分布

2. 脆弱性评价

　　采用 DRASTIC 模型评价地下水固有脆弱性（防污性能）。在 DRASTIC 模型计算研究区脆弱性分区过程中利用 ArcGIS 10.2 空间分析平台对指标的分布状况进行栅格图形加权迭加，获得丰枯两期研究区地下水脆弱性值的范围，将计算结果用 ArcGIS 空间分析平台分隔分为 5 个等级,研究区地下水固有脆弱性分区如图 5.22 所示。

根据脆弱性状况分布图可知,研究区低脆弱性区主要分布在呼兰区新水源地及靠北区域,而沿呼兰河岸地区的地下水脆弱性最高,与河漫滩广泛分布较大颗粒的含水层介质以及地下水埋深较低有关。

3. 受体分布

样品均来自研究区内浅层地下水,共选取 31 个采样点,地下水埋深约 2~10m,分为 8 月丰水期及 11 月枯水期两期进行样品采集。其中大部分采样点来自沿松花江、呼兰河分布的粗砂砾石含水层,并在呼兰河补给水源地的路径上进行了加密采集的处理。针对研究区所有的监测点位,选取 pH 值、TH、TDS、SO_4^{2-}、Cl^-、Fe^{3+}、Mn^{2+}、Zn^{2+}、COD、NH_4^+、NO_2^-、NO_3^-、F^-、As 共 13 项指标进行分析。同时参考《地下水质量标准》 (GB/T 14848—2017) 中对单一指标的赋值办法,将Ⅳ类水赋予 6 分,Ⅴ类水赋予 10 分,因研究区内氨氮、铁、锰普遍超标,因此单一指标下天然地下水仅有Ⅳ、Ⅴ两类水质划分。根据《地下水质量标准》(GB/T 14848—2017) 中的三类水为标准,列出样品中典型水质指标的超标率 (图 5.23)。可以看出,Fe^{3+}、Mn^{2+} 的超标率明显高出其他各项指标,除丰水期 Fe^{3+} 的超标率在 60% 以上,其余均超过 80%。枯水期除 NO_2^- 没有检测出超标值外,其余各项指标的超标率均高于丰水期,说明整体的水质情况相比于丰水期要稍显劣质一些。

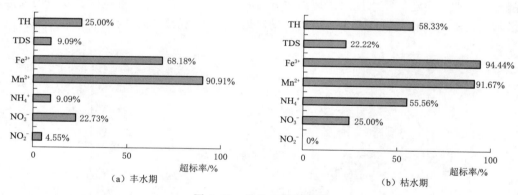

图 5.23　样品水质超标率

通过 ArcGIS 10.2 软件对监测点的水质评分在研究区内进行反距离权重插值,得出地下水水质的分布。由图 5.24 可以看出,受农业氨氮及原生地质条件下铁锰的影响,几乎整个研究区地下水水质均为Ⅴ类水,仅有少部分情况稍好。基于傍河地下水水源地的基本功能及水质安全考虑,地下水价值由地下水饮用水水源地保护区等级以及研究区地下水水质综合考虑作为风险受体。

根据生态环境部发布的《饮用水水源地保护区划分技术方案》 (HJ/T 338—2007),对水源地范围内依照含水层介质类型划分保护区。为综合评价研究区的地下水水质,根据《地下水质量标准》(GB/T 14848—2017) 中推荐的内梅罗综合评价方法,对研究区的地下水水质进行评价 (图 5.24)。然后将地下水保护区的范围与地下水水质分布进行叠加,可以得出研究区地下水价值分布图。从图 5.24 可以看出,地下水价值较高部分主要包括二级保护区的范围及水质较好区域。

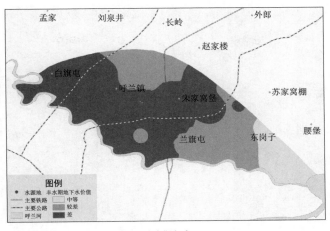

(a) 丰水期水质

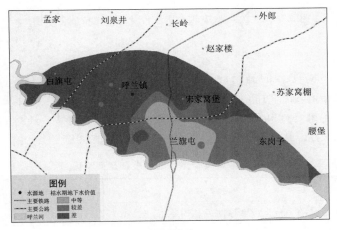

(b) 枯水期水质

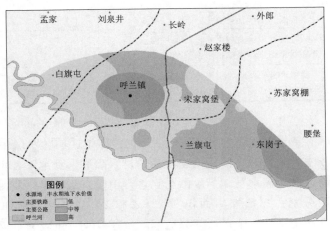

(c) 丰水期地下水价值

图 5.24（一）　地下水水质评价及地下水价值分布图

113

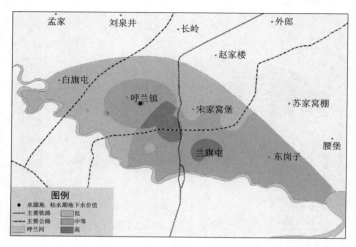

(d) 枯水期地下水价值

图 5.24（二） 地下水水质评价及地下水价值分布图

4. 污染风险评价

利用 ArcGIS 10.2 平台的栅格计算 "Raster Calculator" 功能对风险过程进行计算，随后利用分级 "Classified" 功能中的自然断点 "Natural Breaks" 对计算结果分级，结合风险预警等级实际的可行性和便于管理性，级别划分作一定调整，最终划分结果见风险评价结果表征（表 5.33），基于分级结果，绘制分级图（图 5.25）。

表 5.33 地下水污染风险评价结果表征及面积比

风险级别分区	风险含义	丰水期面积比/%	枯水期面积比/%
低风险区	污染程度低，地下水受污染风险小	17.28	10.73
较低风险区	污染程度一般，地下水受污染风险较小	26.32	24.38
中等风险区	存在一定程度污染，地下水受污染风险一般，应对污染物加强管理	34.48	32.61
较高风险区	污染程度较高，地下水受污染风险较高，需开展污染治理以保障地下水安全	15.76	18.33
高风险区	污染严重，污染物危害地下水安全，应加强水质监测与治理	6.16	13.96

从表 5.33 中可以看出，丰水期的高风险区及较高风险区的面积占全部研究区的 6.16% 和 15.76%，主要分布于呼兰河沿岸地区。河漫滩地区的含水层多为大颗粒的砂卵砾石，地下水埋深较浅，来自地表的污染物容易通过入渗进入到地下含水层。同时，来自呼兰河上游的污染物，在地表水与地下水的交互过程中侵入地下水，使污染风险增大。低风险区及较低风险区分别占据研究区面积 17.28% 和 26.32%，主要分布于研究区的北部，呼兰区水源地也处于这一范围；这部分地区离城区以及乡镇较远，周围也没有大型工厂等污染源，因此地下水受污染风险相对其他地区较小。地下水污染风险总体上呈现出从北至南，离呼兰河越近越严重的趋势。

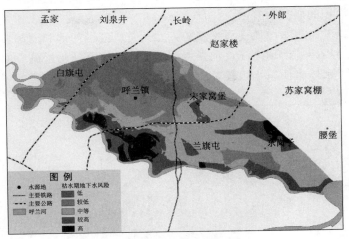

（a）丰水期地下水风险

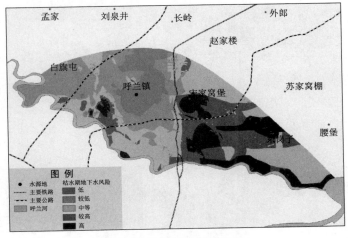

（b）枯水期地下水风险

图 5.25 枯丰两季傍河水源地所在区域地下水风险评价结果分布

　　枯水期高风险及较高风险区的面积分别占研究区总面积的 13.96% 和 18.33%，主要分布于呼兰河河漫滩并延伸向研究区东部地区。这些地区分布有城区、乡镇、工厂及火电厂，是人类活动的密集区，说明枯水期地下水水质受到人类活动的影响很大。水源地处于低风险区的范围内，周边地区人类活动较轻微。地下水污染风险分布规律总体呈离人类活动区越远，风险越小的趋势。

5.3.5.2　基于区域污染风险的预警区划分及防控

　　从预警评价结果可以看出（图 5.26），呼兰傍河水源地所在区域不论在丰水期还是枯水期均为一级预警区，区内地下水系统处于一个较良好状态，水源地的取水安全性较高，目前尚无提高预警等级的需要。但是水源地外围，预警等级较高，且丰、枯水期的水质预警等级略有不同。丰水期水源地东部和南部靠近呼兰河的区域预警级别较高，枯水期则是东部和西部有大面积的四级预警区。

综合分析可以看出，水源地受污染威胁，尤其是研究区西部和南部靠近呼兰河的区域必须采取地下水污染控制治理措施，加强点源和面源的污染防治措施，制定污染物总量控制方案，实施地表水体水质净化工程，从根本上降低水源地水质污染的可能性。

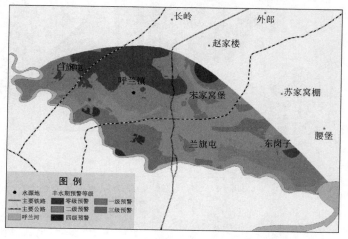

（a）丰水期

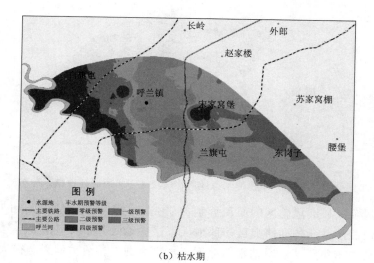

（b）枯水期

图 5.26　丰水期和枯水期研究区综合预警区划分结果

第6章 结论与展望

本书通过对呼兰河流域傍河水源地水质安全保障关键技术体系的研究和案例示范应用，获得以下关键结论和认识。

6.1 关键技术

6.1.1 傍河水源地适宜性评价技术

通过傍河取水适宜性影响因素分析，提出了傍河取水适宜性初筛指标及评价方法，在初筛评价的基础上开展精细评价。构建了包含水量、水质、地表水与地下水的交互作用强度、地下水开采条件共4大类，包括含水层渗透系数、含水层厚度、河流多年平均流量、地表水现状水质、地下水现状水质、水力坡度、地表水可能的影响带宽度、河床层渗透系数、地下水位埋深共9个指标的傍河取水适宜性精细评价，提出了傍河取水适宜性指数和计算方法，根据适宜性指数划分了傍河取水适宜性等级，提出了流域傍河取水适宜性评价方案，给出了傍河取水的适宜地段及其主要参数。

6.1.2 傍河水源地优化布井技术

基于流域傍河取水适宜性评价，选择典型的适宜傍河取水地段，综合考虑水量因素和水质因素，形成了适用于要求较高、水文地质条件复杂的大中型傍河水源地布井优化方案的数值法。建立了傍河取水布井方案优化的多目标模型，结合研究区水文地质条件和地下水允许开采量约束条件，给出开采井的井-河距离、单井开采量、井间距、井数等参数的最优范围。为呼兰区流域水源地的取水方案优化提供了技术支持。

6.1.3 傍河水源地水质预测预警技术

筛选了傍河水源地取水井常规监测指标、通过因子分析识别了傍河水源地特征污染监测指标，提出了基于水质变幅的傍河取水水质预测预警计算方法，划分预警等级，制定了不同预警等级的预警措施，形成基于水质变幅的傍河取水水质预测预警技术。

通过傍河水源地及周边区域污染源调查，在河流—滨岸带—含水层典型污染物迁移转

化特征研究的基础上，构建了典型污染物迁移转化的预测模型，结合水质标准，划分水质预警级别，制定了不同预警等级的措施，形成基于过程模拟的傍河取水水质预测预警技术。

通过污染源荷载分析、含水层脆弱性评价、水质安全评价，划分傍河水源地地下水污染风险等级及分布区域，并与开采条件下傍河水源地各级保护区的地下水水质动态变化相结合，获得傍河水源地水质安全预警分区并制定预警措施，形成基于地下水污染风险评价的傍河取水水质预测预警技术。

6.2　展望

随着城市化和新型工业化进程的不断推进，河流水质退化及水污染事件使我国城镇供水安全形势不容乐观，傍河水源地能有效净化和缓冲河流和湖库的 COD、悬浮物、病原微生物、微量有机物、重金属等典型污染物，使傍河/湖/库取水较地表水直接取水更具优越性，因而对饮用水安全保障具有十分重要的意义。后续还应有以下几个方面的关注：

（1）充分发挥傍河取水优势，有效降低取水水质风险，进一步加强傍河取水在全国的可行性研究。

目前，我国有约 300 个傍河水源地，这些傍河水源地主要分布在北方地区，在我国北方地区供水安全保障中发挥了重要作用。相比北方而言，我国南方河网密集，具有天然的傍河取水优势，但傍河取水在南方地区的工程实践较少，如何充分发挥傍河取水的优势，促进傍河取水在南方地区的推广应用，亟须加强傍河取水的适宜性研究。

还应看到，虽然我国水污染防治和水源地保护事业取得了巨大成就，但水污染事件仍时有发生，因河流污染导致的大中城市停水事件依然存在。因此，加强傍河取水的推广应用，降低因污染事件导致的供水风险，急需加强傍河水源地优化布井与水质预警的可行性研究。

此外，由于工业化、城市化等人类活动强度的不断增大，环境中的新型污染物及微污染物不断被检出，加剧了河流和湖库的水质风险，河流、湖库直接取水的水源水质复杂，增加了水处理难度和成本。因此，充分发挥傍河取水优势是降低取水水质风险的重要手段，开展傍河取水在全国的适宜性、可行性和相关政策研究，充分发挥傍河取水的水量稳定、河岸带水质净化作用突出、有效降低河道取水的水质风险、建设和运行成本低等特点，为城乡居民提供更为可靠的取水方式。

（2）开展饮用水源统筹规划，有效保障城乡供水安全，促进大中城市应急水源地建设。

从流域现有水源地的调研发现，发现流域内水源地管理和供水安全保障尚存在隐患，主要表现为：流域和区域内水源地规划的统筹性有待加强，集约化管理水平不高；部分城镇供水水源单一、供水风险依然存在；部分水源地水质监控预警能力有待提高；随着城镇化进程的加快，部分城镇供水保障能力不足，应对供水风险的能力不足。因此，探索流域和区域城乡供水集约化模式，实行统筹城乡规划、统筹水源地规划，建立健全水源地水资源统一调配制度，强化水源地水量水质保障能力，创新水源地集约化管理思路，提升水源地管理能力和水平，促进流域和区域绿色发展，构建统筹城乡的供水安全保障体系。

随着我国经济社会快速发展。近年来，随着干旱缺水，供水水源污染、突发性地质灾害等突发事件不断增加，建设应急水源地、保障供水安全尤为重要。我国饮用水应急水源地建设已开展了十几年，取得了重要进展，但仍存在一些突出问题，主要表现为：规划建设不到位、运行管理存在隐患、环境保护不到位、部门间协调不畅、投入保障不足。而傍河水源地所具备的水质、水量双重保障优势，是作为应急水源地的天然优势水源。因此，从提升饮用水应急水源地保护和管理，保障供水安全，提高饮用水应急保障能力，可优先考虑傍河水源地供水模式，并围绕这一取水模式开展应急水源地保障体系建设、规范饮用水应急水源地运行管理、加大饮用水应急水源地环境保护执法力度，确保城乡居民饮用水安全。

参 考 文 献

［1］ Abbaa S I, Hadia S J, Abdullahia J. 2017. River water modelling prediction using multi-linear regression, artificial neural network, and adaptive neuro-fuzzy inference system techniquese ［J］. Procedia Computer Science, 120: 75－82.

［2］ Abdel-Fattah A, Langford R, Schulze-Makuch D, 2008. Applications of particle-tracking techniques to bank infiltration: a case study from El Paso, Texas, USA ［J］. Environmental Geology, 55 (3): 505－515.

［3］ Ahmed A K A, Marhaba T F, 2017. Review on river bank filtration as an in situ water treatment process ［J］. Clean Technologies and Environmental Policy, 19 (2): 349－359.

［4］ Baffaut C, Chameau JL, 1990. Estimation of pollutant loads with fuzzy sets ［J］. Civil Engineering and Environmental Systems, 7 (1): 51－61.

［5］ Chang L, Chu H, Hsiao C, 2007. Optimal planning of a dynamic pump-treat-inject groundwater remediation system ［J］. Journal of Hydrology, 342 (3－4): 295－304.

［6］ Cheng A, Benhachmi M K, Halhal D, et al., 2003. Pumping optimization in saltwater-intruded aquifers ［J］. Coastal aquifer management—monitoring, modeling, and case studies, 233－256.

［7］ Cieniawski S E, Eheart J W, Ranjithan S, 1995. Using genetic algorithms to solve a multiobjective groundwater monitoring problem ［J］. Water Resources Research, 31 (2): 399－409.

［8］ Das A, Datta B, 1999. Development of management models for sustainable use of coastal aquifers ［J］. Journal of irrigation and drainage engineering, 125 (3): 112－121.

［9］ Da'u Abba Umar, Mohammad Firuz Ramli, Ahmad Zaharin Aris, Wan Nor Azmin Sulaiman, Nura Umar Kura, Abubakar Ibrahim Tukur, 2017. An overview assessment of the effectiveness and global popularity of some methods used in measuring riverbank filtration ［J］. Journal of Hydrology, 550.

［10］ Dougherty D E, Marryott R A, 1991. Optimal groundwater management: 1. Simulated annealing ［J］. Water Resources Research, 27 (10): 2493－2508.

［11］ Eckert P, Irmscher R, 2006. Over 130 years of experience with riverbank filtration ［J］. Journal of Water Supply: Research and Technology-AQUA, 55 (7－8): 517.

［12］ Elçi A, Ayvaz M T, 2014. Differential-Evolution algorithm based optimization for the site selection of groundwater production wells with the consideration of the vulnerability concept ［J］. Journal of Hydrology, 511: 736－749.

［13］ Emch P G, Yeh W W, 1998. Management model for conjunctive use of coastal surface water and ground water ［J］. Journal of water resources planning and management, 124 (3): 129－139.

［14］ EPA State Source Water Assessment and Protection Programs: Final Guidance ［S］. In: EPA 816-R-97e009. 1997.

［15］ Filgueiras AV, Lavilla I, Bendicho C, 2004. Evaluation of distribution, mobility and binding behaviour of heavy metals in surficial sediments of Louro River (Galicia Spain) using chemometric analysis：A case study [J]．Science of the Total Environment，330（1-3）：115－129.

[16] Gaur S，Chahar B R，Graillot D，2011．Analytic elements method and particle swarm optimization based simulation － optimization model for groundwater management [J]．Journal of Hydrology，402（s 3-4）：217－227.

[17] Gökçe Ş，Ayvaz M T，2015．Evaluation of Harmony Search and Differential Evolution Optimization Algorithms on Solving the Booster Station Optimization Problems in Water Distribution Networks [M]．Springer International Publishing，245－261.

[18] Gross-Wittke A，Gunkel G，Hoffmann A，2010．Temperature effects on bank filtration：redox conditions and physical-chemical parameters of pore water at Lake Tegel，Berlin，Germany [J]．Journal of Water and Climate Change，1（1）：55-66.

[19] Hallaji K，Yazicigil H，1996．Optimal management of a coastal aquifer in southern Turkey [J]．Journal of water resources planning and management，122（4）：233－244.

[20] Hansen A K，Hendricks Franssen H，Bauer-Gottwein P，et al.，2013．Well Field Management Using Multi-Objective Optimization [J]．Water Resources Management，27（3）：629－648.

[21] Hu B，Teng Y G，Zhai Y Z，et al.，2016．Riverbank filtration in China：A review and perspective [J]．Journal of Hydrology，541：914－927.

[22] Hynds P，Misstear BD，Gill LW，et al.，2014．Groundwater source contamination mechanisms：Physicochemical profile clustering，risk factor analysis and multivariate modelling [J]．Journal of Contaminant Hydrology，159：47－56.

[23] Iranmanesh A，Locke II RA，Wimmer BT，2014．Multivariate statistical evaluation of groundwater compliance data from the illinois basin-decatur project [J]．Energy Procedia，63：3182-3194.

[24] Ismail W M Z W，Yusoff I，Rahim B E A，2013．Simulation of horizontal well performance using Visual MODFLOW [J]．Environmental Earth Sciences，68（4）：1119-1126.

[25] Javier Uribe，José F，Muñoz，Jorge Gironás，Ricardo Oyarzún，Evelyn Aguirre，Ramón Aravena，2015．Assessing groundwater recharge in an Andean closed basin using isotopic characterization and a rainfall-runoff model：Salar del Huasco basin，Chile [J]．Hydrogeology Journal，23（7）．

[26] Johnson V M，Rogers L L，1995．Location Analysis in Ground-Water Remediation Using Neural Networks [J]．Ground Water，33（5）：749－758.

[27] Katsifarakis K L，Petala Z，2006．Combining genetic algorithms and boundary elements to optimize coastal aquifers' management [J]．Journal of Hydrology，327（1－2）：200－207.

[28] Ko N，Lee K，2010．Information effect on remediation design of contaminated aquifers using the pump and treat method [J]．Stochastic Environmental Research and Risk Assessment，24（5）：649－660.

[29] Kollat J B，Reed P M，2007．A computational scaling analysis of multiobjective evolutionary algorithms in long-term groundwater monitoring applications [J]．Advances in Water Resources，30（3）：408－419.

[30] Kollat J B，Reed P M，2006．Comparing state-of-the-art evolutionary multi-objective algorithms for long-term groundwater monitoring design [J]．Advances in Water Resources，29（6）：792－807.

[31] Kourakos G，Mantoglou A，2009．Pumping optimization of coastal aquifers based on evolutionary algorithms and surrogate modular neural network models [J]．Advances in Water Resources，32（4）：507－521.

[32] László F，Literathy P，2002．Laboratory and field studies of pollutant removal Riverbank Filtra-

tion: understanding contaminant biogeochemistry and pathogen removal [M]. Netherlands: Springer, 229 – 233.

[33] Lee DS, Che OJ, Park JM, et al. , 2002. Hybrid neural network modeling of a full-scale industrial waste water treatment process [J]. Biotechnology and Bioengineering, 78 (6): 670-682.

[34] Lee E, Hyun Y, Lee K K, Shin J, 2012. Hydraulic analysis of a radial collector well for riverbank filtration near Nakdong River, South Korea [J]. Hydrogeology Journal, 20 (3): 575 – 589.

[35] M. J. Ascott, D. J. Lapworth, D. C. Gooddy, R. C. Sage, I. Karapanos, 2016. Impacts of extreme flooding on riverbank filtration water quality [J]. Science of the Total Environment, 554 –555.

[36] Machiwal D, Jha MK, 2015. Identifying sources of groundwater contamination in a hard-rock aquifer system using multivariate statistical analyses and GIS-based geostatistical modeling techniques [J]. Journal of Hydrology: Regional Studies, 4: 80 – 110.

[37] Mantoglou A, Papantoniou M, Giannoulopoulos P, 2004. Management of coastal aquifers based on nonlinear optimization and evolutionary algorithms [J]. Journal of Hydrology, 297 (1 – 4): 209 –228.

[38] Mantoglou A, Papantoniou M, 2008. Optimal design of pumping networks in coastal aquifers using sharp interface models [J]. Journal of Hydrology, 361 (1 – 2): 52 – 63.

[39] Matiatos I, Alexopoulos A, Godelitsas A, 2014. Multivariate statistical analysis of the hydrogeochemical and isotopic composition of the groundwater resources in northeastern Peloponnesus (Greece) [J]. Science of the Total Environment, 476 – 477: 577 – 590.

[40] Matiatos I, Alexopoulos A, Godelitsas A, 2014. Multivariate statistical analysis of the hydrogeochemical and isotopic composition of the groundwater resources in northeastern Peloponnesus (Greece) [J]. Science of the Total Environment, 476 – 477: 577 – 590.

[41] Mayer A S, Kelley C T, Miller C T, 2002. Optimal design for problems involving flow and transport phenomena in saturated subsurface systems [J]. Advances in Water Resources, 25 (8 – 12): 1233 – 1256.

[42] Mccallum A M, Andersen M S, Giambastiani B M S, et al. , 2013. River – aquifer interactions in a semi-arid environment stressed by groundwater abstraction [J], Hydrological Processes, 27 (7): 1072 – 1085.

[43] Ming-Der Y, Carolyn MJ, Robert SM, 1996. Adaptive short-term water quality forecasts using remote sensing and GIS [J]. Advancing Water Resources Research and Management, 9 (1): 21 – 33.

[44] Mirghani B Y, Mahinthakumar K G, Tryby M E, et al. , 2009. A parallel evolutionary strategy based simulation – optimization approach for solving groundwater source identification problems [J]. Advances in Water Resources, 32 (9): 1373 – 1385.

[45] Molga E, Cherbanski R, Szpyrkowicz L, 2006. Modeling of an industrial full-scale plant for biological treatment of textile wastewaters: Application of neural networks [J]. Industrial & Engineering Chemistry Research, 45 (3): 1039 – 1046.

[46] Moya CE, Raiber M, Taulis M, et al. , 2015. Hydrochemical evolution and groundwater flow processes in the Galilee and Eromanga basins, Great Artesian Basin, Australia: A multivariate statistical approach [J]. Science of the Total Environment, 508: 411 – 426.

[47] Nagy HM, Watanabe K, Hirano M, 2002. Prediction of sediment load concentration in rivers using

artificial neural network model [J] . Journal of Hydraulic Engineering, 128: 588.

[48] Narendra KS, Parthasarathy K, 1991. Gradient methods for the optimization of dynamical systems containing neural networks [J] . IEEE Transactions on Neural Networks, 2 (2): 252 – 262.

[49] Nolan BT, Hitt KJ, Ruddy, BC, 2002. Probability of Nitrate Contamination of Recently Recharged Groundwaters in the Conterminous United States [J] . Environmental Science & Technology, 36 (10): 21 – 39.

[50] Park C H, Aral M M, 2004. Multi-objective optimization of pumping rates and well placement in coastal aquifers [J] . Journal of Hydrology, 290 (1 – 2): 80 – 99.

[51] Polomčić D, Hajdin B, Stevanović Z, et al. , 2013. Groundwater management by riverbank filtration and an infiltration channel: the case of Obrenovac, Serbia [J] . Hydrogeology Journal, 21 (7): 1519-1530.

[52] Raiber M, White PA, Daughney CJ, et al. , 2012. Three-dimensional geological modelling and multivariate statistical analysis of water chemistry data to analyse and visualise aquifer structure and groundwater composition in the Wairau Plain, Marlborough District, New Zealand [J] . Journal of Hydrology, 436 – 437: 13 – 34.

[53] Raiber M, White PA, Daughney CJ, et al. , 2012 Three-dimensional geological modelling and multivariate statistical analysis of water chemistry data to analyse and visualise aquifer structure and groundwater composition in the Wairau Plain, Marlborough District, New Zealand [J] . Journal of Hydrology, 436 – 437: 13 – 34.

[54] Ray C, Schubert J, Linsky R B, et al. , 2002. Riverbank filtration: improving source-water quality [M] . Kluwer Academic Publishers, 1 – 15.

[55] Ray C, 2008. Worldwide potential of riverbank filtration [J] . Clean Technol Environ Policy, 10: 223 – 225.

[56] Razak M F A, Said M A M, Yusoh R, 2015. The development of a site suitability map for RBF location using remote sensing and GIS techniques [J] . Journal Teknologi, 74 (11): 15 – 21.

[57] Reed P M, Minsker B S, 2004. Striking the balance: long-term groundwater monitoring design for conflicting objectives [J] . Journal of Water Resources Planning and Management, 130 (2): 140 –149.

[58] Rogers L L, Dowla F U, 1994. Optimization of groundwater remediation using artificial neural networks with parallel solute transport modeling [J] . Water Resources Research, 30 (2): 457 –481.

[59] Schiermeier Q, 2014. Water on tap [J] . Nature, 510: 326 – 328.

[60] Schubert J, 2006. Experience with riverbed clogging along the Rhine River [M] . Riverbank Filtration Hydrology, Netherlands: Springer, 221 – 242.

[61] Shamir U, Bear J, Gamliel A, 1984. Optimal annual operation of a coastal aquifer [J] . Water Resources Research, 20 (4): 435 – 444.

[62] Shi L, Cui L, Park N, et al, 2011. Applicability of a sharp-interface model for estimating steady-state salinity at pumping wells—validation against sand tank experiments [J] . Journal of contaminant hydrology, 124 (1): 35-42.

[63] Shiqin Wang, Wenbo Zheng, Matthew Currell, Yonghui Yang, Huan Zhao, Mengyu Lv, 2017. Relationship between land-use and sources and fate of nitrate in groundwater in a typical recharge area of the North China Plain [J] . Science of the Total Environment, 609.

［64］ Sprenger C，Lorenzen G，Hülshoff I，Grützmacher G，Ronghang M，Pekdeger A，2011. Vulnerability of bank filtration systems to climate change ［J］. Science of The Total Environment，409 （4）：655 – 663.

［65］ Sreekanth J，Datta B，2010. Multi-objective management of saltwater intrusion in coastal aquifers using genetic programming and modular neural network based surrogate models ［J］. Journal of Hydrology，393 （3 – 4）：245 – 256.

［66］ Su X S，Lu S，Yuan W Z，et al，2018. Redox zonation for different groundwater flow paths during bank filtration：a case study at Liao River，Shenyang，northeastern China ［J］. Hydrogeology Journal，26 （5）：1573 – 1589.

［67］ Tess A，Russo，Andrew T，Fisher，Brian S，Lockwood，2015. Assessment of Managed Aquifer Recharge Site Suitability Using a GIS and Modeling ［J］. Groundwater，53 （3）.

［68］ Tung CT，Lee YJ，2009. A novel approach to construct grey principal component analysis evaluation model ［J］. Expert System with Application，36 （3）：5916 – 5920.

［69］ Vincent Cloutier，René Lefebvre，René Therrien，et al，2008. Multivariate statistical analysis of geochemical data as indicative of the hydrogeochemical evolution of groundwater in a sedimentary rock aquifer system ［J］. Journal of Hydrology，353，294 – 313.

［70］ Wang YG，Zhang WS，Engel BA，et al. ，2015. A fast mobile early warning system for water quality emergency risk in ungauged river basins ［J］. Environmental Modelling & Software，73：76 – 89.

［71］ Warner J W，Tamayo-Lara C，Khazaei E，et al. ，2006. Stochastic management modeling of a pump and treat system at the Rocky Mountain Arsenal near Denver，Colorado ［J］. Journal of Hydrology，328 （3 – 4）：523 – 537.

［72］ Yaguang Zhu，Yuanzheng Zhai，Qingqing Du，et al，2019. The impact of well drawdowns on the mixing process of river water and groundwater and water quality in a riverside well field，Northeast China ［J］. Hydrological Processes，33 （6）.

［73］ Zhang Y，Hubbard S，Finsterle S，2011. Factors governing sustainable groundwater pumping near a river ［J］. Groundwater，49 （3）：432 – 444.

［74］ Zhang Y，Zhang J，Tang G，et al. ，2016. Virtual water flows in the international trade of agricultural products of China ［J］. Science of the total Enviromental，557 – 558：1 – 11.

［75］ Zlotnik V A，Huang H，Butler Jr J J，1999. Evaluation of stream depletion considering finite stream width，shallow penetration，and properties of streambed sediments ［J］.

［76］ 白利平，王业耀，王金生，等，2011. 基于数值模型的地下水污染预警方法研究 ［J］. 中国地质，38 （6）：1652 – 1659.

［77］ 蔡文静，常春平，宋帅，等，2013. 德州地区地下水中磷的空间分布特征及来源分析 ［J］. 中国生态农业学报，（04）456 – 464.

［78］ 陈巧玲，沈晓斌，2005. 长江水质污染预测的灰色模型 ［J］. 泉州师范学院学报，23 （6）：21 – 26.

［79］ 迟娜娜，2006. 城市灾害应急能力评价指标体系研究 ［D］. 北京：首都经济贸易大学.

［80］ 仇蕾，2006. 基于免疫机理的流域生态系统健康诊断预警研究 ［D］. 南京：河海大学.

［81］ 崔秋苹，徐海振，刘立军，等，2010. 河北省重要城市地下水应急水源地方案建议 ［J］. 水文地质工程地质，37 （06）：12 – 16.

［82］ 戴长雷，迟宝明，陈鸿雁，2005. 傍河型地下水水源地论证 ［J］. 工程勘察，02：26 – 28.

［83］ 戴志军,彭晓春,2002. 灰色模型理论在河流水污染预测中的应用［J］. 环境保护,(1)：28－29.

［84］ 丁树常,王震容,罗文荃,等,1998. 对抽水试验与机电井布局问题的探讨［J］. 黑龙江水利科技,(02)：53－54.

［85］ 丁晓雯,沈珍瑶,2012. 涪江流域农业非点源污染空间分布及污染源识别［J］. 环境科学,11：4025－4032.

［86］ 董阳,黄平,李勇志,等,2014. 三峡水库水质移动监测指标筛选方法研究［J］. 长江流域资源与环境,(3)：366－372.

［87］ 董志颖,李兵,孙晶,2003. GIS 支持下的吉林西部水质预警研究［J］. 吉林大学学报(地球科学版),33(1)：56－58.

［88］ 董志颖,王娟,李兵,2002. 水质预警理论初探［J］. 水土保持研究,9(3)：224－226.

［89］ 范珊珊,2013. 北京平原地下水开采模型研究［D］. 北京：中国地质大学(北京).

［90］ 冯娟,2011. 开采条件下德州地区地下水水质演化研究［D］. 青岛：中国海洋大学.

［91］ 付佳妮,孙建明,赵航,等,2015. 应用模糊综合评价法优选青岛市潮河水源地开采井位［J］. 数学的实践与认识,(15)：221－229.

［92］ 高觅谛,2012. 基于 Web GIS 的地理信息支撑技术在水质安全预警系统中的应用研究［D］. 杭州：浙江大学.

［93］ 关鑫,左锐,孟利,等,2017. 傍河水源地选址适宜性评价方法研究［J］. 中国科技论文,12(03)：319-326.

［94］ 郭虹,1994. 城市水源选址的风险评价［D］. 上海：同济大学.

［95］ 郭学茹,左锐,王金生,等,2013. 傍河水源地地下水可持续开采量确定与开采方案分析［J］. 北京师范大学学报(自然科学版),1(Z1)：250－255.

［96］ 郭学茹,左锐,闫俊岭等,2015. 基于傍河水源地污染特征的水质安全控制技术分析［J］. 北京师范大学学报(自然科学版),51(03)：267－273.

［97］ 郭永丽,2014. 地下水污染预警评价方法研究及应用［D］. 北京：北京师范大学.

［98］ 韩晓刚,2007. 原水水质安全保障方法研究［D］. 西安：西安建筑科技大学.

［99］ 韩育林,巴建文,吕智,等,2006. 干扰系数计算在开采井群优化布设中的应用［J］. 甘肃地质,(01)：76－79.

［100］ 韩再生,1996. 傍河地下水水源地的若干问题［J］. 工程勘察,(04)：24－26.

［101］ 郝永志,2013. 博斯腾湖风险源识别与污染预警系统研究［D］. 乌鲁木齐：新疆农业大学.

［102］ 胡惠彬,1993. 灰色系统的 GM(1,1)模型在地表水 COD 浓度预测中的应用［J］. 中国环境监测,9(4)：45－46.

［103］ 胡克林,陈海玲,张源沛,等,2009. 浅层地下水埋深、矿化度及硝酸盐污染的空间分布特征［J］. 农业工程学报,S1：21－25.

［104］ 蒋庆,2008. 地下水时空变化及监测网多目标优化研究［D］. 武汉：华中科技大学,119.

［105］ 黎坤,陈晓宏,江涛,等,2005. 多目标系统模糊优选理论在城市饮用水源地选址中的应用［J］. 中山大学学报(自然科学版),(04)：120－123.

［106］ 李金荣,李金玲,杨振放,2007. 河流渗滤系统对硝态氮污水的净化作用研究［J］. 水文地质工程地质,34(1)：24－28.

［107］ 李如忠,2006. 水质预测理论模式研究进展与趋势分析［J］. 合肥工业大学学报：自然科学版,29(1)：26－30.

［108］ 林学钰,廖资生,石钦周,2003. 黄河下游傍河开采地下水研究——以郑州开封间黄河段为例［J］. 吉林大学学报(地球科学版),(04)：495－502.

[109] 刘国东，丁晶，1998. 傍河水源地地下水资源评价方法述评 [J]. 水科学进展，(3)：86-92.

[110] 刘猛，2006. 傍河水源地地下水数值模拟研究 [D]. 南京：河海大学.

[111] 刘鑫，王素芬，郝新梅，2013. 红崖山灌区机井空间布局适宜性评价 [J]. 农业工程学报，29 (2)：101-109.

[112] 刘苑，2008. 地下水污染区抽水井优化研究 [D]. 北京：清华大学.

[113] 栾丽华，吉根林，2004. 决策树分类技术研究 [J]. 计算机工程，30 (9)：94-96.

[114] 罗红松，2007. 基于多元统计分析的高科技板投资价值研究 [D]. 成都：西南财经大学.

[115] 乔晓辉，陈建平，王明玉，等，2013. 华北平原地下水重金属山前至滨海空间分布特征与规律 [J]. 地球与环境，3：209-215.

[116] 石作福，任金峰，2000. 德州市浅层机井布局优化设计 [J]. 中国农村水利水电，(10)：7-9.

[117] 束龙仓，刘波，刘猛，等，2006. 傍河水源地水位降落漏斗的扩展分析 [J]. 河海大学学报 (自然科学版)，34 (1)：6-9.

[118] 汤广民，潘强，2007. 安徽淮北平原井灌几个问题的探讨 [J]. 中国农村水利水电，(11)：58-62.

[119] 汤卫文，2002. 关于集中式供水水源的选址 [J]. 人民珠江，(4)：11-12.

[120] 万鹏，2013. 污染地下水抽出—处理技术的抽水方案优化研究 [D]. 北京：清华大学，84.

[121] 王菲，2006. 资源型城市可持续发展指标体系构建及综合评价研究 [D]. 大庆：大庆石油学院.

[122] 王红雨，全达人，1995. 井灌区规划井距的确定方法 [J]. 灌溉排水，14 (4)：41-44.

[123] 王康，沈荣开，周祖昊，2007. 内蒙古河套灌区地下水开发利用模式的实例研究 [J]. 灌溉排水学报，26 (2)：29-32.

[124] 王凌芬，李洪文，胡伏生，等，2011. 镇江市应急水源地规划评价 [J]. 水资源保护，27 (1)：89-94.

[125] 王允麒，1989. 中小型河流河谷地下水开采资源的组成及傍河水源井位的确定 [J]. 建筑技术通讯 (给水排水)，(2)：27-31.

[126] 吴剑锋，彭伟，钱家忠，2011. 基于 INPGA 的地下水污染治理多目标优化管理模型：Ⅱ——实例应用 [J]. 地质论评，57 (3)：437-443.

[127] 仵彦卿，李俊亭，1993. 地下水动态观测网优化方法综述 [J]. 长安大学学报 (地球科学版)，01：86-94.

[128] 谢洪波，2008. 焦作市地下水质量综合评价及污染预警研究 [D]. 西安：长安大学.

[129] 杨帆，2009. 突发性水污染事故预警汉字表筛选及体系结构 [D]. 北京：北京林业大学.

[130] 杨俊红，安晓东，2009. 水资源污染预警应急系统研制 [J]. 电脑开发与应用，1：54-57.

[131] 杨琦，2013. 基于多目标优化地下水修复与管理的初步研究 [D]. 北京：华北电力大学，79.

[132] 易树平，迟宝明，吴法伟，等，2006. 傍河地下水源地数值模拟与评价研究——以沈阳市浑河李官堡水源地为例 [J]. 自然资源学报，21 (01)：154-160.

[133] 尹慧，王新民，2013. 基于克里金插值的井网优化方案设计——以沈阳市浑河李官堡水源地为例 [J]. 世界地质，(4)：820-824.

[134] 于长青，张起峰，鲁仁达，2008. 合理选择井距 确定打井数量 [J]. 黑龙江水利科技，35 (6)：86-87.

[135] 张蕾，2006. 城市地下水水质水位预警的研究 [D]. 天津：天津大学.

[136] 张梦南，李小倩，周爱国，2014. 地下水中高氯酸盐来源的同位素示踪研究进展 [J]. 地质科技情报，33 (4)：177-184.

[137] 张树军，张丽君，王学凤，等，2009. 基于综合方法的地下水污染脆弱性评价——以山东济宁市

浅层地下水为例 [J]. 地质学报, 83 (1): 131-137.

[138] 张伟红, 2007. 地下水污染预警研究 [D]. 长春: 吉林大学.

[139] 张绪美, 董元华, 王辉, 等, 2007. 中国畜禽养殖结构及其粪便 N 污染负荷特征分析 [J]. 环境科学, (6): 1311-1318.

[140] 张尧庭, 张璋, 1990. 几种选取部分代表性指标的统计方法 [J]. 统计研究, (1): 52-57.

[141] 张远东, 魏加华, 邵景力, 等, 2002. 0-1 整数规划在水源地开采井最优布局中的应用研究 [J]. 第四纪研究, 22 (2): 141-147.

[142] 张智涛, 曹茜, 谢涛, 2013. 饮用水水源地水质监测预警系统设计探讨 [J]. 环境保护科学, 39 (1): 61-64.

[143] 郑晓笛, 滕彦国, 宋柳霆, 等, 2016. 岸滤系统对典型污染物的去除机制及影响因素 [J]. 水资源保护, 32 (6): 82-89.

[144] 钟秋, 2014. 地下水污染调查中的地球物理方法 [J]. 地下水, (02): 57-58.

[145] 周磊, 王翊虹, 林健, 等, 2008. 北京平原区地下水水质监测网优化设计 [J]. 水文地质工程地质, (2): 1-9.

[146] 周玲霞, 钱海峰, 黄振宇, 2014. 长江南京段岸线水源地适宜性分析与评价 [J]. 水资源与水工程学报, 25 (1): 220-224.

[147] 周全, 2012. 几种多元统计分析方法及其在生活中的应用 [D]. 荆州: 长江大学.

[148] 周志祥, 刘国义, 刘梅侠, 等, 2008. 傍河水源地建设条件研究 [J]. 水利规划与设计, (6): 4-5.

[149] 左锐, 韦宝玺, 王金生, 等, 2012. 基于多元统计分析的地下水水源地污染源识别 [J]. 水文地质工程地质, (6): 17-21.

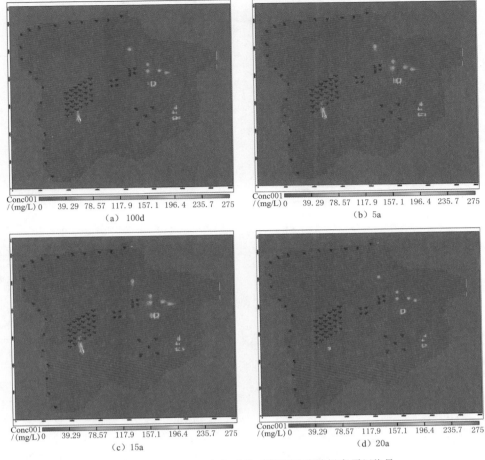

图 4.8　拟建水源地稳定开采时研究区硝酸根离子污染晕

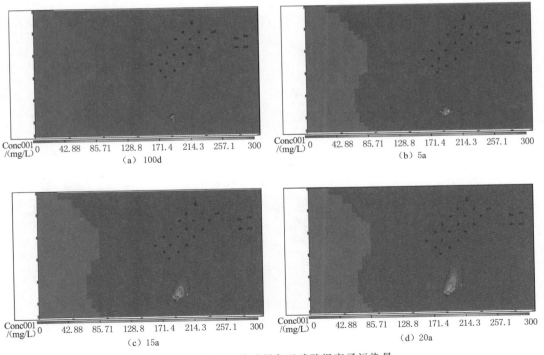

图 4.16　稳定开采时研究区硝酸根离子污染晕

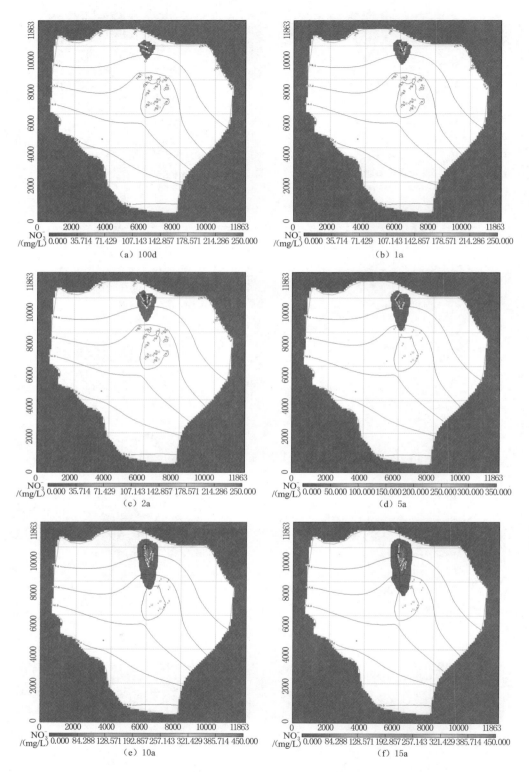

图 4.25 （一）　水源地现状稳定开采 100d、1a、2a、5a、10a、

15a、20a、25a、50a 时硝酸根离子污染晕分布情况

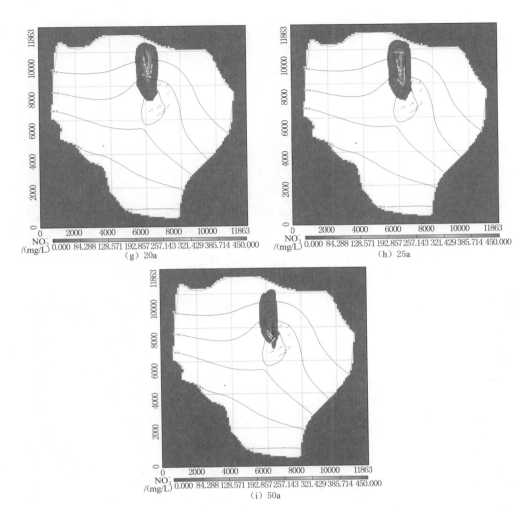

(g) 20a

(h) 25a

(i) 50a

图 4.25（二）　水源地现状稳定开采 100d、1a、2a、5a、10a、

15a、20a、25a、50a 时硝酸根离子污染晕分布情况

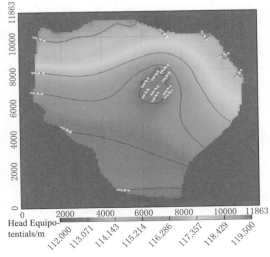

图 4.27　根据开采井数目优化结果稳定开采
条件下地下水流场

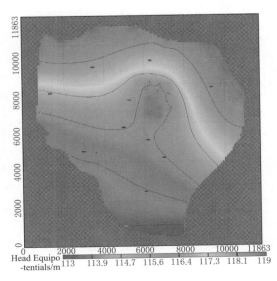

图 4.22　现状开采条件下水流模型模拟结果

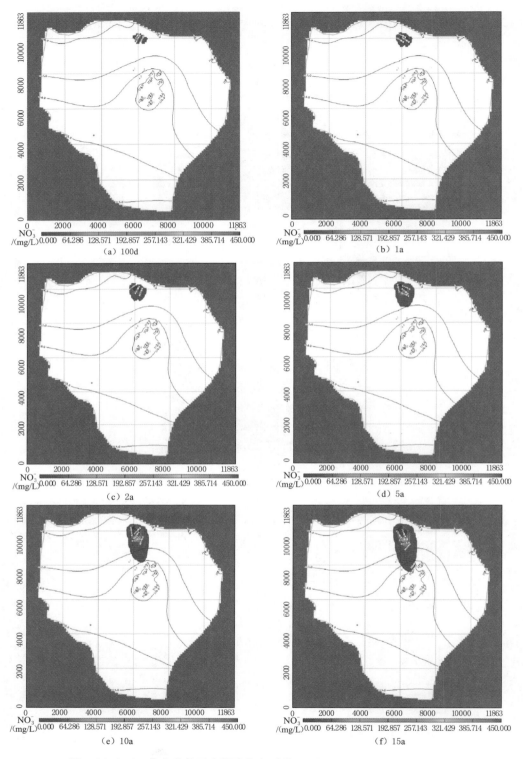

图 4.28（一） 优化条件下水源地稳定开采 100d、1a、2a、5a、10a、15a、
20a、25a、50a 时硝酸根离子污染晕分布情况

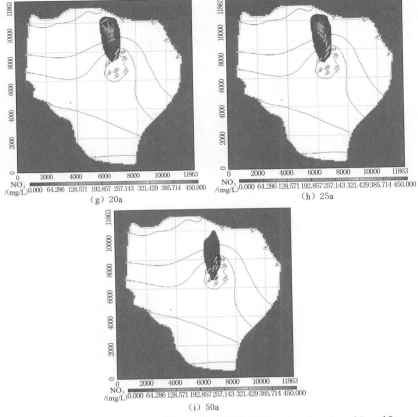

（g）20a （h）25a

（i）50a

图 4.28（二） 优化条件下水源地稳定开采 100d、1a、2a、5a、10a、15a、

20a、25a、50a 时硝酸根离子污染晕分布情况

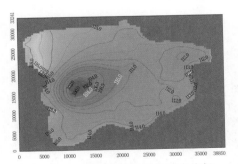

图 4.9 开采井数优化后地下水流场

图 4.10 开采井数优化后 20a 硝酸根离子污染晕

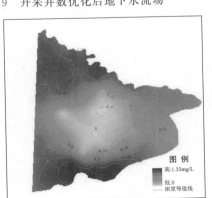

（a）不考虑河流污染情况

（b）考虑河流污染情况

图 5.19 考虑河流污染参与前后水源地氨氮分布情况

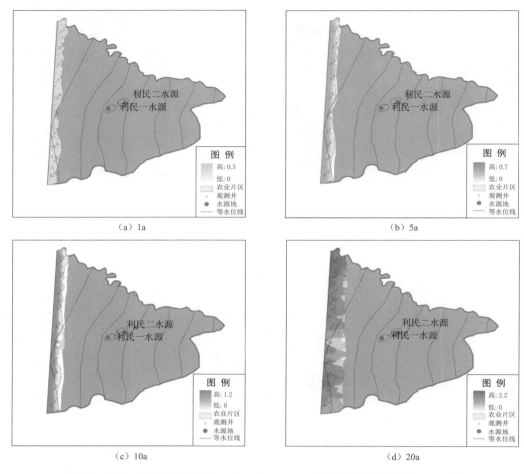

图 5.8　研究区氨氮在迁移 1a、5a、10a、20 a 时的分布状况（单位：mg/L）

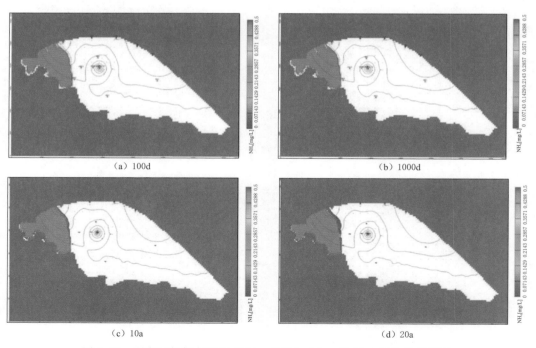

图 5.12　研究区氨氮在迁移 100d、1000d、10 a 和 20 a 后的分布状况

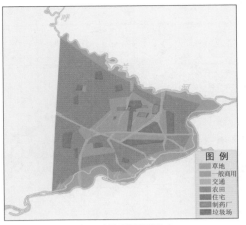

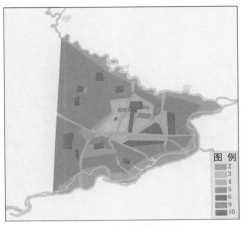

（a）土地利用类型分布

（b）土地利用类型得分分布

图 5.14　研究区土地利用类型分布及评分

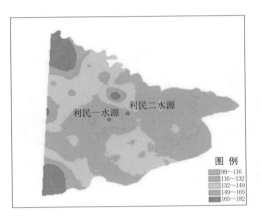

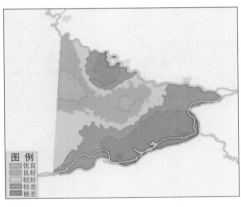

图 5.15　利民开发区地下水脆弱性分布

图 5.16　研究区地下水水质状况分布

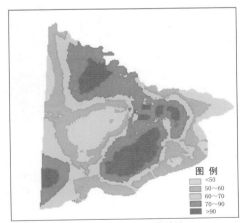

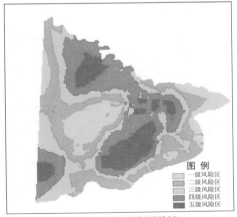

（a）研究区污染风险计算结果

（b）研究区污染风险级别划分

图 5.17　研究区污染风险计算结果及风险级别划分

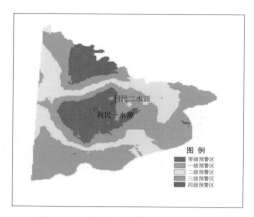

图 5.20　研究区综合预警区划分结果

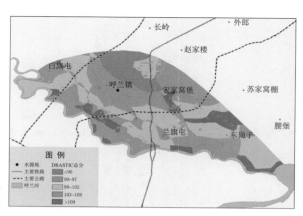

图 5.22　呼兰研究区地下水固有脆弱性分布

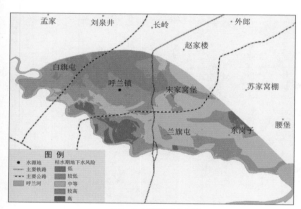

（a）丰水期地下水风险

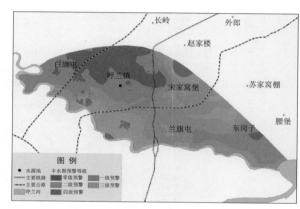

（a）丰水期

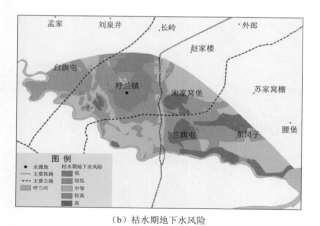

（b）枯水期地下水风险

图 5.25　枯丰两季傍河水源地所在区域地下水
风险评价结果分布

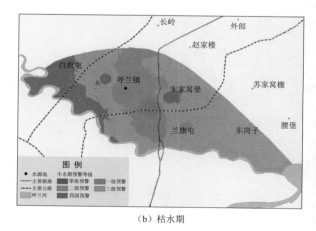

（b）枯水期

图 5.26　丰水期和枯水期研究区综合预警区划分结果